올 어바웃
케이크

기본부터 마스터까지
모든 것을 알려주는 케이크 교과서

올 어바웃 케이크

이성실 지음

RHK
알에이치코리아

Prologue

맛있고 달콤한 건강 케이크,
내 손으로 직접 만들어 즐기세요

열공~!

제 인생을 통틀어 이렇게 열심히 공부한 적이 또 있었을까요? 『올 어바웃 브레드』가 출간된 지채 1년이 지나지도 않았는데 새로운 책을 준비하며, 올 한 해는 정말 열심히 공부하면서 보냈습니다. 학창시절에는 그렇게도 하기 싫어 이런저런 핑계로 소홀히 했던 공부였건만, 이번에는 아무리 피곤하고 힘들어도 빼도 박도 못 한 채 계속할 수밖에 없었지요. 그런데 그 과정을 거쳐 이제야 공부의 참맛을 알았다고 하면, 너무 늦된 이야기일까요.

국내 전문 서적은 물론이거니와 때로는 외국 원서의 영어 단어를 찾아가며 더듬더듬 공부하면서, 또 많은 홈베이커들의 수많은 성공과 실패의 사례를 찾아보면서 케이크의 세계가 얼마나 방대하고 또 알면 알수록 얼마나 어려운 분야인지를 몸소 느끼게 되었습니다. 그리고 그 방대한 세계에 대해 자세하게 설명한 책이 국내에 턱없이 부족하다는 것도 깨닫게 되었지요.

"왜 케이크만 만들면 주저앉아버릴까요?"
"단 걸 싫어하는데, 제 마음대로 설탕을 줄여도 될까요?"
"버터가 많이 들어가는데 버터 없이 만들 수는 없나요?"

케이크라는 거대한 벽에 부딪힌 분들은 오늘도 제게 많은 질문을 쏟아냅니다. 저도 처음에는 그런 과정을 거쳤기 때문에, 그 답답한 심정을 헤아려 최대한 자세히 설명하곤 합니다. 그러나 워낙 많은 사람이 다양한 질문을 하기에, 깊이 있는 답변을 하지 못해 참 안타까웠습니다. 그분들에게 케이크의 기본과 함께 확실한 답안을 드리고 싶었습니다. 그동안 던져진 여러분의 수많은 질문이 이 책을 쓰게끔 이끈 원동력이 되었다고 해도 과언이 아닙니다.

이 책에 담아내고 싶은 제 마음은 오직 한 가지뿐입니다. 맛있는 케이크를 잘 만들 수 있는 방법이 그것이지요. 장식으로 포장된 예쁜 케이크보다는 깊은 풍미의 부드럽고 달콤한, 어디에 내놔도 어울리는 그런 케이크를 선보이고, 제대로 만드는 방법까지 하나하나 나누고 싶은 마음뿐입니다. 세상의 모든 엄마들이 저와 함께, 사랑하는 가족들의 행복한 기억 속에 늘 함께할 케이크를 만들 수 있으면 좋겠습니다.

이 책이 완성되기까지 참 많은 사람들의 도움의 손길이 있었습니다. 때로는 과도한 시식으로, 때로는 모진 배고픔으로 이 책과 몸소 함께해준 사랑하는 가족에게 심심한 감사의 마음을 전합니다. 비행기를 타고 다니면서까지 어려운 외국 원서를 손에 놓지 않고 아주 자세하게 번역해주어 이 책을 완성할 수 있게 도와준 Elyse, Thank you So Much and Thank you for being with us.
마지막으로 나와 늘 함께하시는 하나님께 감사드리며 샬롬~!

유난 드자이너 리 이성실

Contents

B A S I C

S K I L L

Part 1

케이크 기본기 다지기

F O A M

T Y P E

C A K E

Part 2

거품형 케이크

Part 3

시폰형 케이크

CHIFFON
TYPE
CAKE

Part 4

반죽형 케이크

B A T T E R
T Y P E
C A K E

Part 5

치즈케이크

C H E E S E
C A K E

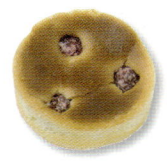

A

A

Basic Skill

B

C

A

케이크 기본기 다지기

케이크를 잘 만드는 비법 이야기

제게는 케이크를 잘 만드는 비법이 몇 가지 있습니다. 알고 보면 아주 사소하고 베이커라면 당연히 기본적으로 갖춰야 할 부분들이지만, 오랫동안 베이킹을 하면서 터득한 것들인 만큼 제게는 소중한 최고의 비법들입니다. 사용할 재료를 준비하는 일부터 오븐에 굽고 케이크의 형태를 갖춰주는 순간까지, 케이크를 만들기 위해 거쳐야 하는 과정들은 어느 것 하나라도 그냥 지나칠 수가 없습니다. 유산지를 정성스럽게 재단해서 케이크틀에 깔고 재료를 정확하게 계량하는 일들이 대수롭지 않을 수도 있지만, 이런 작은 부분들이 모여 곧 나만의 비법이 된답니다. 무엇보다 내 안의 귀차니즘을 극복해야만 성공적인 케이크 만들기가 가능하다는 사실, 잊지 마세요.

Basic 01
나만의 비법, 나만의 재료 만들기

제게는 1년 365일 중 하루도 떨어지지 않는 베이킹용 홈메이드 천연 재료가 몇 가지 있습니다. 바로 바닐라엑스트랙과 바닐라럼, 바닐라설탕 그리고 사워크림으로, 제 베이킹의 비법 중 비법이요, 가장 강력한 필살기라 말할 수 있습니다. 재료가 같고 음식 이름이 같더라도 만드는 사람의 손맛에 따라 맛이 달라지지요. 베이킹도 그렇습니다. 자신이 살고 있는 집 작은 주방에서 자신만의 소도구로 빵을 굽고 케이크를 만드는 홈베이킹. 과학적인 베이킹 이론에서 설명하지 못하는 많은 부분들을 자신만의 방법으로 알아가며 개성 있고 독특한 맛과 모양을 만들어내는 자유로운 홈베이커이기에, 그들 모두 자신만의 비법이 있게 마련이지요. 나만의 재료, 나만의 도구, 나만의 기법……

제 케이크를 맛본 분들이 한결같이 하시는 말씀이 있습니다.

"특별한 장식이나 모양은 아니지만, 먹을 때마다 느껴지는 달콤하고 향긋한 풍미 때문에 만들어주신 케이크가 문득문득 생각납니다. 베이커리에서 비슷한 이름의 케이크들을 여럿 사 먹어봐도 그때의 달콤하고 향긋한 풍미는 느낄 수가 없네요. 입안에서 은은하게 맴도는 그윽한 그 맛은 무엇으로 만든 것인가요?"

저만의 비법은 아주 단순한 재료에서 시작됩니다. 집에서 만들어 오랫동안 두고두고 숙성시켜 사용하는 바닐라엑스트랙과 바닐라럼, 바닐라빈 1~2개를 설탕에 늘 넣어두어 설탕에 은은한 향이 배게 해서 만드는 바닐라설탕, 그리고 생크림에 플레인 요구르트를 섞어 하루 정도 주방에 두면 금세 만들어지는, 촉촉하고 리치한 식감으로 마술처럼 변신시켜주는 사워크림.

케이크 재료 중에 배합률은 그다지 많지 않지만, 가장 깊은 맛과 풍미를 만들어내는 것들입니다. 바로 이런 재료들이 제 케이크를 맛본 사람들이 궁금하게 여기는, 입안에서 은은하게 맴도는 그윽한 맛과 향의 비밀입니다.

재료 준비와 만들기는 간단하지만, 이 재료들이 만들어내는 풍미와 맛과 식감은 제 베이킹 비법의 전부라고 말할 수 있습니다.

바닐라엑스트랙

많은 양의 달걀과 다양한 부재료가 들어가는 케이크의 잡냄새를 없애고 풍미를 높여서 맛과 향을 고급스럽게 마무리하는 일등 공신입니다. 제 취미가 바닐라엑스트랙 만들기라면 말 다 했지요. 시간 날 때마다 만들어서 싱크대 안쪽 깊숙이 넣어두고는 가끔씩 꺼내서 흔들어주며 행복해하는 게 소소한 즐거움이지요. 시중에서 판매하는 바닐라엑스트랙은 대부분 수입품이라 용량이 적은데도 가격

은 만만치 않습니다. 몇 번 써보지도 못했는데 바닥을 드러내면 베이킹의 즐거움이 부담스러울 지경에 이르지요. 그런데 집에서 직접 바닐라엑스트랙을 만들면 사는 것과 비교도 되지 않을 정도로 많은 양을 만들 수 있을 뿐만 아니라 훨씬 깊고 풍부한 향을 가진 바닐라엑스트랙을 사용할 수 있지요.

바닐라엑스트랙을 만드는 방법은 간단합니다. 길고 오동통한 바닐라빈 10개 정도와 700~750ml 용량의 럼 한 병을 준비합니다. 먼저 럼이 담긴 병의 뚜껑을 열고 럼을 조금 덜어냅니다. 그다음 바닐라빈을 가위로 꼭지 부분까지 길게 반으로 잘라 럼이 담긴 병에 넣고 뚜껑을 꼭 닫아서 햇빛이 들지 않는 어두운 싱크대 안쪽에 두고 숙성시키세요. 중간 중간에 럼이 골고루 섞일 수 있도록 가끔 흔들어줍니다. 그렇게 숙성시킨 바닐라엑스트랙은 대략 2개월 정도 지난 뒤부터 사용할 수 있습니다. 바닐라엑스트랙에 들어 있는 바닐라빈은 햇빛이나 열기에 약해 상하기 쉬우니 숙성된 뒤에도 햇빛이 차단된 어두운 곳에 항상 보관해야 하며, 깨끗하게 소독된 짙은 갈색 병에 옮겨 담아 사용하면 좋습니다.

바닐라엑스트랙은 보통 6개월 이상 숙성된 것이 가장 풍미가 좋습니다. 알코올 도수가 40도 정도인 독한 술로 숙성시킨 것이라 상할 염려 없이 오랜 기간 두고두고 사용할 수 있는데다 시간이 지날수록 풍미와 색이 깊고 진해져서 더욱더 좋은 향이 만들어집니다.

럼 이외에 보드카 같은 알코올 도수 35~40도의 술로도 만들 수 있습니다. 또 럼과 보드카를 섞어서 만들거나 보드카만 사용해도 됩니다. 단, 오리지널 럼이나 보드카가

아닌 인공향이 배합된 술은 사용하면 안 됩니다.

저는 럼 중에서도 다크럼을 사용합니다. 그 이유는 다크럼이 화이트럼이나 골드럼(화이트와 다크의 중간색을 가진 럼)보다 오래 숙성된 술인 만큼 풍미가 더 좋고 색이 짙은데, 이것이 바닐라엑스트랙에도 그대로 영향을 미치기 때문입니다. 어느 쪽이든 좋아하는 럼을 사용해서 만들면 됩니다. 간혹 보드카나 럼에 레몬 향 같은 것을 합성한 술이 있는데, 앞서 말했듯이 이런 것은 사용해서는 안 됩니다.

저는 바닐라엑스트랙을 사용할 때, 숙성하는 동안 바닐라빈에서 떨어져 나온 까만 바닐라 씨도 함께 사용합니다. 바닐라 씨가 섞이면 술만 사용했을 때보다 향이 더 은은하게 오래가는 효과가 있기 때문입니다. 지저분해 보여 싫다면 고운체로 술만 걸러서 사용하면 됩니다. 은은한 바닐라 향은 바닐라 씨에서 나온다는 것을 기억하세요.

바닐라설탕

베이킹용으로 사용하는 설탕은 항상 전용 통에 따로 담아둡니다. 제가 주로 사용하는 유기농 황설탕과 백설탕도 모두 따로 담아 각각 보관하는데, 이때 바닐라빈을 반으로 갈라 설탕 속에 박아두는 것을 잊지 않습니다. 설탕은 주변 냄새를 잘 흡수하는 성질이 있기 때문에 바닐라빈을 1~2개만 넣어도 그 향이 은은하게 설탕에 배어 자연스런 바닐라설탕이 만들어집니다. 시중에서 판매하는 바닐라설탕은 바닐라빈과 설탕, 약간의 전분을 넣고 곱게 갈아서 만든 것이라 파우더 형식으로 되어 있는 것이 대부분입니다. 바닐라설탕은 바닐라엑스트랙보다 향이 약하지만, 설탕 자체에 은은한 향이 배어 있어 바닐라엑스트랙을 사용하지 않더라도 케이크 잡냄새를 없애는 데 좋은 역할을 합니다. 간혹 바닐라 씨가 섞여 있으면 더 깊은 향이 나니 빼지 말고 함께 사용하세요.

보통 설탕 500g에 바닐라빈 1~2개 정도를 넣는데, 바닐라빈을 가위로 반 갈라 밀폐용기에 넣고 설탕을 채우고 뚜껑을 닫아 흔든 뒤 바닐라빈이 햇빛에 노출되지 않도록 설탕 깊숙이 들어가 있게 만져서 두고두고 사용하면 됩니다. 설탕은 사용하면서 계속 채워주고, 3개월 정도 지나(기간은 더 짧아질 수도 길어질 수도 있습니다) 바닐라빈이 딱딱하게 마르고 더 이상 향이 느껴지지 않을 때 다시 새로운 바닐라빈을 넣어서 섞으면 됩니다.

바닐라럼

　설탕에 담아두었던 딱딱하게 마른 바닐라빈을 활용하는 알뜰한 방법으로, 이것만으로도 훌륭한 향신료 역할을 해냅니다. 설탕에 박아둔 바닐라빈은 시간이 지나면 향과 수분을 설탕에 빼앗겨 딱딱하게 마른 상태가 됩니다. 이런 상태의 바닐라빈을 버리지 말고 몸에 묻은 설탕을 깨끗이 털어낸 뒤 럼에 담가두면 딱딱했던 바닐라빈이 술을 흡수해서 은은한 풍미를 지닌 바닐라럼이 만들어집니다. 럼 자체가 부드러운 바닐라 향을 품어서 바닐라엑스트랙이 없을 때 대체 재료로 사용할 수 있지요. 달걀이 많이 들어가는 카스텔라 같은 케이크를 만들 때는 비린내 방지를 위해 럼을 많이 사용하는데, 그럴 때 굳이 바닐라엑스트랙을 따로 넣지 않아도 되기 때문에 아주 유용한 재료입니다. 바닐라엑스트랙보다는 향이 연하고 풍미도 깊지 않지만, 알게 모르게 은은한 향을 지녀 럼 자체가 더 향긋해지는 효과가 있기 때문에 케이크 만들 때 가볍게 사용하기에 정말 좋습니다.

사워크림

　사워크림 역시 항상 떨어지지 않게 만들어서 냉장고에 넣어두고 사용합니다. 사워크림은 생크림을 유산균으로 발효시켜 만든 것으로 유분 함량이 많아 맛이 진하면서도 새콤하고 가벼운 크림 타입으로, 케이크 중에서도 특히 버터케이크류의 식감을 촉촉하면서도 진하고 풍부하게 만드는 마술 같은 재료입니다. 시중에서 판매하는 사워크림은 대용량임에도 유통기한은 매우 짧아 다 쓰지 못하고 버리는 경우가 많습니다. 하지만 집에서 만들면 한결 진한 사워크림을 사용할 수 있으며, 냉장고 안쪽 깊숙이 넣어두면 1개월 정도 보관할 수 있으니 그야말로 집에서 만들어 사용하기에 가장 좋은 재료입니다.

　사워크림 만들기 역시 매우 간단합니다. 깨끗한 밀폐용기나 유리병에 생크림 200g당 무가당 플레인 요구르트 50g을 넣고 숟가락으로 두세 번 저은 뒤 약간 따뜻한 실내에 하루 정도 두면 사워크림이 완성됩니다. 실내 온도가 높은 여름철에는 저녁에 만들어서 주방 한편에 두면 그다음 날 오후 정도가 되었을 때 적당하게 발효되지만, 실내 온도가 낮은 겨울철에는 좀 더 시간이 걸리니 사워크림의 농도를 살펴보며 완성도를 체크합니다. 숟가락으로 사워크림을 살짝 떠보아 물기가 많이 가신 크림 상태의 농도가 되었으면 발효를 마치고 냉장고에 보관합니다. 단, 냉장고에 보관할 경우 더 단단한 상태로 굳어지니 실온에서 너무 오래 발효시키지 말고 크림 상태의 적당한 농도가 되면 발효를 끝내는 것이 좋습니다.

물성 오일에 합성 성분을 배합해서 만들기 때문에 사워크림이 잘 만들어지지 않을뿐더러, 만들어지더라도 사워크림으로서의 풍미와 맛이 좋지 않아 케이크 액체 재료로 사용하기에는 무리가 있습니다.

완성된 사워크림은 냉장고의 가장 낮은 온도에서 보관해야 하는데, 가장 좋은 보관 방법은 냉장고보다 온도가 낮은 김치 냉장고에 보관하는 것입니다. 또 하나, 사워크림은 절대 냉동해서는 안 됩니다. 냉동한 사워크림을 해동하면 사워크림이 녹으면서 유지방과 수분이 분리되어 덩어리가 지고 이것이 잘 풀어지지 않은 채 반죽에 그대로 남기 때문입니다.

냉장 보관한 사워크림은 사용할 양만큼 덜어서 실온에 두어 찬기가 가신 뒤 사용해야 하며, 냉장 보관은 길어야 1개월 정도로 해야 합니다. 만드는 데 시간이 오래 걸리거나 번거로운 것이 아니니 적당량만 만들어서 냉장 보관하되 필요할 때마다 그때그때 만들어 쓰는 것이 가장 좋습니다.

사워크림은 사용하는 생크림의 유지방 함량에 따라 농도에 조금씩 차이가 있는데, 제가 사용하는 생크림은 원유 98%, 유지방 함량 36%인 헤비크림입니다. 생크림을 구매할 때 제품 설명란의 유지방 함량을 살펴보면 알 수 있는데요. 생크림은 나라별 또는 브랜드별로 규제하는 유지방 함량이 다른데, 보통 유지방 함량 30% 이상인 생크림을 사용하면 별 무리 없이 사워크림을 만들 수 있습니다. 간혹 제품에 '생크림'이라는 이름 대신 '휘핑크림'이라고 표기된 경우도 있는데, 이는 '휘핑할 때 사용할 수 있는 생크림'이라는 뜻으로 식물성 오일로 만든 가공 크림을 뜻하는 것은 아닙니다. 휘핑크림이라 해도 그 성분인 원유와 유지방 함량을 살펴보고 적절하게 사용하면 됩니다. 단, 사워크림을 만들 때 동물성 원유가 아닌 식물성 오일로 만든 휘핑용 가공 크림을 사용하면 안 됩니다. 가공된 휘핑크림은 100% 천연 유지방이 아닌 식

Basic 02
철저한 사전 준비

저는 케이크를 만들 때 항상 마음을 굳게 다지고 시작합니다. 귀차니즘을 몰아내기 위함이지요. 별다른 도구 없이 그저 손으로 쓱쓱 다듬어서 만들 수 있는 빵에 비해 케이크는 훨씬 많은 전문 도구와 장비들이 필요합니다. 게다가 들어가는 재료도 많고, 그 재료들을 사용하기 위한 전처리 과정도 복잡해서 손이 참 많이 가기 때문에 가볍게 생각하고 시작했다가는 산더미 같은 설거지거리에 한숨만 푹푹 쉬게 됩니다. 그렇다고 요령을 피워볼 생각으로 대충대충 건너뛰었다가는 결과물이 여지없이 티를 내어 안 하느니만 못한, 볼품없고 뭔가 부족한 케이크가 만들어지지요.

그러니 케이크를 만들 때는 무엇보다 귀차니즘을 떨쳐버리는 것이 참 중요합니다. 만들고자 하는 케이크의 레시피를 들여다보며 준비할 도구와 사용할 재료, 만드는 순서에 대해서 꼼꼼하게 하나하나 짚어가며 체크하는 습관을 들여야만 합니다. 재료와 사용할 도구들을 꺼내는 동안 마음으로 순서를 짚어가며, 어떤 과정에서 어떤 재료와 어떤 도구가 필요한가를 정확히 알고 있어야 합니다.

케이크를 만들 때는 미리 준비해야 할 중요한 과정들이 몇 가지 있습니다. 그냥 대충 넘어가거나 다른 것으로 대체할 수 있는 것들이 아닙니다. 이런 사전 준비가 선행되지 않으면 절대 제대로 된 케이크가 만들어지지 않습니다. 사전 준비 사항들은 케이크의 맛을 만들어주는 재료가 아닌, 그저 단순한 준비 사항일 뿐이지만, 케이크가 맛을 만들어내도록 돕는 역할을 할 뿐만 아니라 케이크 만들기의 성공 여부까지 좌우합니다.

달걀 거품을 올려놓아 밀가루를 빨리 섞어야 하는 타이밍인데 그제야 밀가루를 계량하고 체를 치고 있다면 애써 만든 달걀 거품은 점점 꺼질 것이고, 반죽을 모두 믹싱해서 케이크틀에 패닝해야 하는 타이밍인데 그제야 케이크틀에 깔 유산지를 재단하거나 버터를 바르고 있다면 반죽에 섞인 베이킹파우더의 효력은 점점 상실되고 있다는 사실을 알아야 합니다. 결과적으로 미리 준비하지 못한 사소한 부분들 때문에 케이크의 볼륨은 줄어들고 맛과 모양은 제대로 완성되지 못합니다.

정말 케이크를 잘 만들고 싶으신가요? 그럼 다음의 준비 사항에 완벽을 기하세요. 철저한 사전 준비만 되어 있다면 이미 반은 성공한 거나 다름없답니다.

재료 계량하기

베이킹에서 가장 기초이자 선행되어야 할 첫 번째가 사용하는 재료를 레시피에 제시된 분량만큼 정확하게 계량하는 것입니다.

케이크는 정확한 배합률을 따져서 정확한 배합량을 사용해야 결과물이 제대로 만들어집니다. 그저 손맛으로, 눈짐작으로 대충 가늠해서 넣어도 되는 일반 요리하고는 다르지요. 1g, 5g 등 소량의 배합량이라 해도 그렇게 배합되어야 할 이유가 있기 때문에, 재료를 계량하는 것은 절대로 대충 가늠해서는 안 되는 아주 섬세한 분야입니다.

재료를 계량할 때는 전자저울을 사용합니다. 눈금으로 표기된 저울도 사용할 수 있지만, 베이킹파우더나 향신료 등 소량으로 배합되는 무게들을 정확하게 계량하기에는 한계가 있으므로 전자저울을 사용하는 것이 좋습니다.

또한 재료 상태에 따라 고체와 액체의 단위가 다르기 때문에 정확한 배합을 위해서는 무게 단위를 통일하는 것이 편리합니다. 보

통 액체는 ml(밀리리터)로 표기하는 경우가 많아 저울로 계량하지 않고 계량컵을 사용하여 그 용량을 따지기도 하는데, 액체는 종류에 따라 각각 계량컵의 용량과 저울로 잰 무게가 동일하게 나오지 않습니다. 그렇기 때문에 모든 재료의 무게는 밀가루를 기준으로 액체든 고체든 저울을 사용하여 g(그램)으로 계량하는 것을 원칙으로 합니다.

재료마다 각각의 그릇을 준비하여 계량하고, 반죽에 재료를 넣을 때는 반드시 싹싹 긁어서 남는 재료가 없도록 해야 한다는 것도 잊지 마세요.

재료 준비하기

케이크를 만들 때는 기본 재료 이외에 추가되는 부재료가 참 많습니다. 부재료 중에는 반죽에 그냥 넣어도 되는 것도 있지만, 대부분은 전처리를 거쳐야 하는 것들입니다.

가장 먼저 시행해야 할 전처리 재료는 냉장 보관된 재료들인 버터나 달걀, 우유나 사워크림 같은 주재료를 실온에 미리 꺼내두는 것입니다. 냉장고의 찬기가 사라지려면 적어도 2시간 전에는 미리 시행되어야 하는데 이것이야말로 계획성 있는 케이크 만들기가 필요한 부분이지요. 또한 건과일이나 견과류,

각종 과일이나 초콜릿 같은 부재료를 넣을 때도 그 재료만의 준비 사항이 따로 있기 때문에 반드시 케이크를 만들기 전 확인하고 먼저 준비해야 합니다.

부재료의 전처리는 금방 준비할 수 있는 것도 있지만, 건과일처럼 럼에 불려야 할 경우에는 적어도 30분에서 1시간 이상 시간이 걸리며, 초콜릿을 녹여서 식히는 과정 또한 여유 있는 시간이 필요한 등 사용하는 재료마다 제 각각의 전처리 과정이 있으니 미리미리 준비하는 습관이 필요합니다.

이처럼 다양한 재료의 전처리 과정이 번거롭긴 하지만 그래도 반드시 미리 준비해야 합니다. 그 이유는 만들고자 하는 케이크의 풍미와 맛을 결정짓는 데 큰 영향을 끼치기 때문입니다. 주재료인 버터나 달걀, 유제품을 미리 실온 상태에 꺼내놓는 것뿐만 아니라 소량으로 첨가되는 부재료의 전처리 과정을 잘 거쳐야 케이크 고유의 맛과 식감, 풍미가 만들어진다는 걸 잊지 마시고, 정성스런 마음으로 미리 준비하세요.

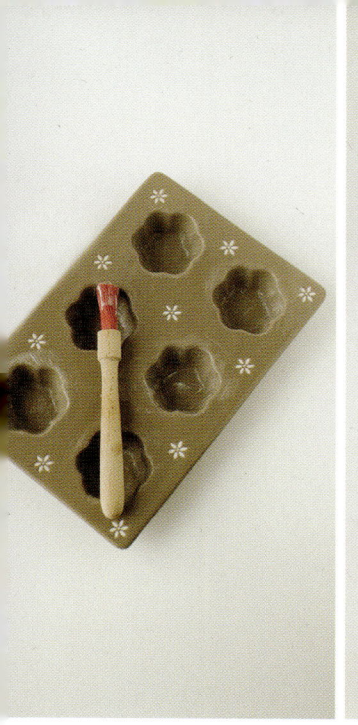

사용할 케이크틀 고르기

어떤 모양의 틀에 케이크를 구울 것인가는 참 중요한 부분입니다. 어떤 재료를 사용하느냐가 맛을 결정한다면, 어떤 모양으로 만들어지느냐는 케이크의 틀 선택에 따라 결정되는데, 사용하는 틀의 모양은 케이크의 이름이 될 수도 있는 중요한 부분입니다. 만들어질 케이크 모양을 상상하면 절로 행복해지는데, 케이크 맛에 어울릴 만한 모양을 상상하면서 사용할 틀을 고르는 건 홈베이킹의 큰 즐거움 중 하나입니다. 사용할 틀은 모양에 따라 크기가 제각각인데, 그 크기에 맞는 반죽을 넣고 구워야 좋은 모양을 완성할 수 있습니다. 사용할 케이크틀을 정한 뒤 유산지를 깔 수 있는 형태라면 꼼꼼하게 유산지를 재단해서 깔고, 유산지를 깔 수 없는 복잡한 형태의 케이크틀이라면 부드러운 버터를 꼼꼼하게 골고루 발라서 미리 냉장고에 넣어 두어야 합니다.

사용하고자 하는 틀의 적정 반죽 양을 정하는 것도 중요한데요. 먼저 사용하고자 하는 틀의 사이즈를 재어 부피를 구하고, 그 부피를 만들고자 하는 제과이론에서 정해놓은 종류별 케이크 용적으로 나누면 적정 반죽 양이 나옵니다. 현재 우리나라에서 가장 많이 사용하고 있는 틀의 부피를 구하고 만들고자 하는 케이크 종류의 반죽 양을 계산해 알려드리니 참고해서 좀 더 완성도 있는 케이크를 만들어보세요. 단, 계산된 반죽 양은 절대적인 것은 아닙니다. 제과이론에서 정해놓은 공식으로 계산한 적정 무게이기는 하지만, 실제로는 만들고자 하는 스타일이나 만드는 사람에 따라 양이 달라질 수 있습니다. 만일 반죽 양을 계산하지 않았을 경우, 보통 거품형 케이크는 사용하는 틀의 50~60% 정도, 반죽형 케이크는 사용하는 틀의 70~80% 정도까지 반죽을 패닝하는 것이 적절합니다.

틀 사이즈에 따른 반죽 양

틀	틀 사이즈	부피	버터케이크류	스펀지케이크류
원형	1호 15×4.5cm	795ml	331g	156g
	2호 18×4.5cm	1,145ml	477g	225g
	3호 21×4.5cm	1,558ml	649g	307g
	4호 24×4.5cm	2,035ml	848g	401g
치즈케이크용 원형	1호 15×7cm	1,236ml	515g	243g
	2호 18×7cm	1,780ml	742g	350g
	3호 21×7cm	2,423ml	1,010g	477g
정사각형	1호 14.5×14.5×4.5cm	946ml	394g	186g
	2호 16.5×16.5×4.5cm	1,225ml	510g	241g
	3호 19.5×19.5×4.5cm	1,711ml	713g	337g
	4호 22.5×22.5×4.5cm	2,278ml	949g	448g
	5호 26.5×26.5×4.5cm	3,160ml	1,317g	622g
직사각형 (윗면 사이즈)	미니 파운드 21×8.5×6cm	1,071ml	446g	210g
	미니 파운드 18×9×7cm	1,134ml	473g	223g
	중 파운드 25×7×6.5cm	1,138ml	474g	224g
	신 파운드 26×10×6cm	1,560ml	650g	307g
	대 파운드 30.5×7×6cm	1,281ml	534g	252g
	나무 카스텔라 21×11×8cm	1,848ml	770g	364g
젤리롤틀(바닥 사이즈)	1/2 빵틀 36×26×4.5cm	4,212ml	1,755g	829g
시폰틀(튜브틀)	1호 15×7.5cm	960ml	400g	189g
	2호 18×8cm	1,440ml	600g	283g
	3호 21×9.5cm	2,160ml	900g	425g
	4호 24×11.5cm	4,080ml	1,700g	803g
번트틀	19×8cm	1,400ml	583g	276g
	21×8cm	1,680ml	700g	331g
	23×8cm	2,100ml	875g	413g
	25×9cm	2,880ml	1,200g	567g
하트틀	20×6cm	1,900ml	791g	374g

●틀에 따른 반죽 양 공식

원형, 치즈케이크용 원형 : 원형틀 용적(부피) = 반지름×반지름×3.14×높이

정사각형, 직사각형, 젤리롤틀 : 사각틀 용적(부피) = 가로×세로×높이

시폰틀형, 번트틀형 : 바깥틀 용적(부피) = 가로×세로×3.14×높이

안쪽 기둥 용적(부피) = 가로×세로×3.14×높이

실제 용적(부피) = 바깥틀 용적 − 안쪽 기둥 용적

반죽 무게 = 틀 부피/비용적

●제과 이론에서 정해놓은 비용적(반죽 1g당 차지하는 부피)

1) 파운드케이크 = 2.40   2) 레이어케이크 = 2.96

3) 시폰케이크/엔젤푸드케이크 = 4.71   4) 스펀지케이크 = 5.08

* 이 표에 제시된 반죽 양은 각 케이크의 기본적인 레시피를 우리나라에서 가장 많이 쓰이는 기본적인 틀에 담았을 때의 양으로, 레시피와 틀 사이즈에 따라 달라질 수 있습니다. 이 표는 하나의 가이드라인으로만 참고해주세요.

사용하는 도구 선택하기

케이크를 만들 때는 기본 도구 이외에 전문적인 도구들이 많이 필요합니다. 그중에 가장 필요한 것이 달걀 거품을 올려주는 핸드믹서나 스탠드믹서입니다. 이 두 가지는 사이즈에 차이가 있을 뿐 기능은 같은데, 힘들이지 않아도 달걀 거품을 곱게 올려주거나 버터케이크를 만들 때 버터 크림화를 손쉽게 할 수 있도록 돕는 기계입니다. 전문 베이커들은 거품기 하나로도 충분히 모든 것을 해낼 수 있지만, 홈베이커들에게는 거품기로 반죽을 완성하는 것이 매우 힘든 일입니다. 양이 적은 반죽은 핸드믹서 하나로도 충분하지만, 양이 많거나 좀 더 전문적인 작업을 원한다면 스탠드믹서를 사용하는 것이 좋습니다. 스탠드믹서는 기계이긴 하지만 역시 손으로 들고 작업해야 하는 핸드믹서의 고충을 덜어주는 아주 좋은 장비로, 대량의 반죽도 손쉽게 만들 수 있기 때문에 홈베이커들의 로망이라 불릴 만큼 매력적인 믹서입니다. 보통 거품형 케이크나 반죽형 케이크의 크림법으로 케이크를 만들 때는 핸드믹서나 스탠드믹서를 사용하는 것이 좋습니다. 특히나 거품형 케이크를 만들 때 달걀 거품을 최고치까지 올리기 위해서는 반드시 핸드믹서나 스탠드믹서 같은 기계의 힘을 빌려야 제대로

된 달걀 거품을 올릴 수 있습니다. 또한 크림법으로 반죽할 때도 설탕을 녹이기 위해서는 일정한 속도에서 일정한 시간 동안 믹싱하는 것이 중요한데 이러한 과정을 기계 장비 없이 거품기로 해내기에는 어려운 점이 많습니다. 불가능한 것은 아니지만, 엄청난 내공이 필요하기 때문이지요. 반죽형 케이크에서 투스테이지법으로 만드는 경우 팔힘이 좋고 거품기를 다루는 것이 손에 익은 베이커라면 기계 믹서의 도움 없이 거품기로 반죽하여도 좋습니다. 제 경우에도 투스테이지법으로 케이크를 만들 때는 거품기를 애용하는데, 정확한 시간과 일정한 속도의 믹싱만 손에 익히면 별 문제가 없을 정도로 아주 편리한 방법입니다. 크림법으로 만들 때도 반죽 양이 적을 경우 가끔씩은 거품기로 할 때가 있지만, 초보자라면 아무래도 팔이 아플 뿐만 아니라 시간도 많이 걸리기 때문에 기계 믹서를 이용하는 편이 체력이나 시간적인 면에서 훨씬 편리합니다.

믹서 이외에 기본적으로 갖춰야 할 또 다른 도구는 거품기와 실리콘 재질 스패출러 등입니다. 거품기는 반죽을 마무리하거나 재료들을 골고루 풀 때 가장 많이 사용하는 도구이며, 스패출러는 반죽에 재료들을 섞을 때 골고루 잘 섞이도록 할 뿐만 아니라, 모든 재료들을 깨끗이 모아가며 정리할 수 있습니다.

밀가루 체 치기

제가 사전 준비 중 맨 마지막으로 하는 것이 바로 밀가루를 체에 치는 일입니다. 모든 사전 준비가 완벽하게 끝나고 반죽을 만들기 직전에 하는 일로, 밀가루를 포함하여 사용할 모든 가루류를 한데 모아 체에 쳐서 준비합니다.

밀가루는 보통 봉지에 담아 보관하는데, 그 사이 공기 중의 수분을 흡수해 뭉쳐 있는 경우가 대부분입니다. 이런 밀가루를 그냥 반죽에 넣으면 군데군데 뭉친 채 골고루 섞이지 못하게 되고, 그 뭉침을 풀기 위해 과도한 믹싱을 할 수밖에 없습니다. 과도한 믹싱은 결국 반죽의 거품을 죽이고 케이크의 볼륨을 줄어들게 만들며, 글루텐을 많이 형성시켜 식감이 단단하고 질긴 케이크가 만들어지게 합니다. 또한 베이킹파우더나 코코아파우더 같은 소량의 가루류를 함께 사용할 때는 골고루 섞어야 반죽이 균일해지기 때문에 가루류를 체에 치는 것은 반드시 선행되어야 할 부분입니다.

보통 가루류를 체 칠 때는 가루가 날리기 때문에 바닥에 가까이 대고 치는 경우가 많은데, 가장 좋은 방법은 바닥에서 어느 정도 높이를 띄우고 체 쳐서 공기를 많이 품게 하는 것입니다. 체를 치다 보면 간혹 뭉친 입자가 있는데 이런 것은 손으로 눌러가며 풀어서 체에 내리고, 그래도 남아 있는 불순물이나 풀리지 않는 덩어리들은 모두 버리도록 합니다.

또한 만드는 케이크의 반죽 방법에 따라 가루를 체는 치는 횟수도 다르게 해야 하니 주의하세요.

다량의 버터가 주재료인 반죽형 케이크의 경우 대부분 반죽이 무겁기 때문에 한두 번 정도만 체에 치면 됩니다. 하지만 달걀 거품으로 형태를 만드는 거품형 케이크의 경우는 최대한 반죽이 가벼워야 하므로 믹싱되는 가루류를 최소 두세 번은 쳐서 최대한 공기가 많이 들어가도록 하는 것이 좋습니다.

사용되는 가루의 종류가 많다면 한 번만 체를 치는 것이 아니라 두세 번은 충분히 쳐야 가루류들이 골고루 섞인다는 것도 알아두세요.

가루류는 반죽을 시작하기 직전 체에 치는 것이 가장 좋으며, 체 친 가루라도 옮겨 담는 과정에서 다시 뭉칠 수 있으니 체 친 상태가 잘 유지되도록 두었다가 반죽에 섞는 것이 좋습니다.

오븐 예열하기

케이크를 만들 때 반드시 선행되어야 할 중요한 부분 중 하나가 바로 오븐을 미리 예열하는 것입니다. 반죽이 아무리 훌륭하게 완성되었다 해도 오븐을 미처 예열하지 못해 적절한 온도에서 굽지 못한다면 볼품없고 빈약한 케이크가 되거나, 오븐 온도가 올라갈 때까지 시간이 지체되어 반죽이 구워지기도 전에 거품이 꺼져 볼륨이 없고 식감이 부드럽지 못하며 설익은 듯 떡 지는 결과가 생기기도 합니다. 오븐은 반드시 정확한 온도에서 세팅하여 케이크 반죽을 시작하기 전에 20분 이상 예열해야 함을 기억하세요.

오븐은 브랜드별로 온도에 차이가 있을 수 있습니다. 또한 오븐에 달린 온도계로 세팅하더라도 정확한 온도와는 차이가 날 수 있기 때문에 반드시 오븐 전용 온도계로 온도를 체크하는 습관을 들여야 합니다.

케이크의 종류에 따라서도 온도가 조금씩 달라집니다. 반죽의 양을 늘려서 구울 경우 레시피에 제시된 온도보다 조금 낮춰서 굽는 것이 좋으며 반대로 반죽의 양을 줄여서 구울 경우 약간 높은 온도에서 빠른 시간 안에 구워야 수분 손실이 적습니다. 양이 많은 반죽을 구울 경우 반죽의 한가운데 부분까지 열이 전달되려면 시간이 좀 더 걸립니다. 따라서 너무 높은 온도에서 구우면 겉면은 타고 속은 안 익는 경우가 생길 수도 있고 이로 인해 안 익은 부분이 주저앉거나 떡 지는 결과가 생기기도 합니다.

보통 케이크는 반죽의 한가운데 바닥 부분에 열전달이 가장 늦고 따라서 가장 늦게 익기 때문에 적정 시간 안에 케이크를 굽고 난 뒤에는 가는 나무 꼬치나 젓가락으로 바닥까지 깊숙이 찔러보는 테스트를 해서 익은 정도를 파악합니다. 만약 꼬치에 물기 있는 반죽이 묻어나면 덜 익은 것이니 5분 단위로 시간을 늘려가며 좀 더 구워야 합니다. 덜 익은 상태로 케이크를 오븐에서 꺼내면 그 부분이 주저앉아 케이크가 전체적으로 수축하며 쪼그라들고, 반을 갈라보면 그 부분이 떡 진 듯 뭉쳐 있게 됩니다.

배합률에 대한 작은 조언

케이크를 만들 때 항상 부딪히는 문제가 있습니다. 다량의 버터와 설탕이 들어가는 케이크를 만드는 것이 부담스러워 어떻게든 설탕과 버터의 양을 줄이고 싶지만, 이는 곧 케이크의 맛과 식감에 직결되는 문제이기 때문에 무턱대고 줄일 수 없다는 점입니다. 참으로 고민스러운 부분입니다. 오랜 시간 베이킹을 해온 저로서도 설탕과 버터의 양을 제 마음대로 줄이는 것은 결코 쉽지 않은 일입니다. 마음대로 줄였다가(나름 적정선이라고 생각했음에도) 이도 저도 아닌 정체불명의 케이크를 만든 적이 한두 번이 아니었으니까요. 이처럼 케이크에 사용되는 재료와 그 양을 가감하는 데는 한계가 있습니다. 건강을 위해 단맛을 줄인다는 단순한 생각으로 설탕을 줄이는 것은 케이크의 촉촉한 식감을 줄이는 일이 되고, 버터를 포기하는 것은 곧 케이크의 풍미와 부드러움을 포기하는 일이 되고 만다는 걸 알기에 더 어렵습니다.

사실 배합량을 과학적으로 검증하여 수치화한 정확한 근거나 이론은 없습니다. 현재 통용되는 배합량은 물리적이거나 화학적으로 규명된 법칙이 아닌, 수많은 베이커들의 오랜 경험과 실습에서 나온 결과물이니, 참으로 귀한 것들이지요. 과학적 근거는 미약

하지만 오히려 어떤 면에서는 이것이 베이킹의 발달을 가속화시키고 있다는 생각도 듭니다. 특히나 현대에 와서는 많은 베이커들을 통해 새로운 재료로 시도되는 다양한 배합과 새로운 기법들이 활발하게 개발되면서, 지금까지 잘 사용돼온 기존의 규칙들이 서로 혼합되어 좀 더 나은 방법으로 개선되는 등 아주 다양한 변화를 겪고 있습니다. 따라서 현재 통용되는 모든 베이킹 배합률은 절대 깰 수 없는 과학적 수치가 아닌, 새롭게 개발된 방법에 접목되어 얼마든지 개선될 여지가 남아 있는 규칙이라 생각하는 것이 맞는 듯합니다. 많은 제과 이론 책을 보면 무조건적인 배합의 균형 법칙을 강조하지만, 이는 단순히 지금까지 지켜온 통상적인 이론이며, 가장 안정적으로 선을 그어주는 가이드라인이라 생각합니다. 이제 이런 균형의 법칙은 얼마든지 변형될 수 있으며, 좀 더 개선된 방식을 접목시킨 안정적인 배합률의 새로운 레시피가 만들어질 것입니다.

배합률을 정할 때 중요한 것은, 과학적 수치가 아닌, 프로 베이커들의 많은 경험과 실습에서 나온 검증된 레시피들이 기준이 되어야 한다는 점입니다. 배합의 균형을 맞추는 것은 많은 경험이 필요한 일입니다. 레시피를

변형해서 성공적인 케이크를 만들려면 프로 베이커들만큼은 아니더라도 어느 정도 배합률 균형에 대한 지식을 가지고 있어야 합니다. 재료의 특징에 따라 달라지는 케이크의 맛과 식감을 감안하며, 자신이 만든 케이크가 실패하였더라도 그 문제점을 찾아내어 개선하게 되면, 실패율은 점점 낮아지고 결국에는 안정된 자신만의 케이크를 성공적으로 만들 수 있게 된다는 걸 잊지 마세요.

케이크 배합에 필요한 네 가지 균형 요소의 역할과 그 역할을 담당하는 대표적인 재료를 알면 무엇 때문에 케이크가 잘못되었는지를 파악할 수 있습니다. 보통 단단함과 부드러움이 서로 균형을 이루고 촉촉함과 건조함이 서로 조화로워야 비로소 배합의 균형을 이룬 케이크라 말할 수 있습니다. 자신이 만든 케이크를 살펴보고 위의 균형을 이룬 배합을 접목시키면 어느 것이 잘못되었는지 문제점을 찾아낼 수 있습니다. 예를 들어 케이크 식감이 너무 건조하면 촉촉함을 만드는 재료를 늘리거나 반대로 건조함을 만드는 재료를 줄여서 균형을 맞추고, 케이크 식감이 너무 단단하면 단단함을 만드는 재료를 조금 줄이거나 부드러움을 만드는 재료들을 늘려서 균형을 맞추는 것이지요.

하지만 이처럼 단순하게 적용할 수 없는 것도 있는데, 바로 모든 재료들이 한 가지 기능만 갖고 있지 않기 때문입니다. 예를 들어 달걀의 단백질은 케이크의 단단함을 만들기도 하지만, 노른자의 지방 성분과 액체 상태가 수분 역할을 하여 촉촉함을 주는 재료이기도 하므로, 건조한 케이크에 수분을 추가한다고 무조건 달걀 양을 늘리면 그 케이크는 더욱 단단하고 질겨지는 결과가 생길 수도 있습니다. 이렇듯 재료 간의 균형을 맞추는 것은 단순히 생각할 수 없을 만큼 매우 어려운 일이기 때문에, 앞서 언급했듯이 경험 많은 프로 베이커들의 결과물과 그들만의 노하우를 신뢰하고 응용하는 것이 무엇보다 중요합니다.

케이크의 네 가지 균형 요소

1 단단함(Tougheners)

단단함과 질깃함을 말하며, 이를 만드는 재료로는 밀가루와 달걀 등이 있습니다. 달걀 양이 과하게 많으면 반죽의 식감이 고무와 같이 단단해지고 표면이 고르지 못한 경우가 생깁니다. 또한 밀가루 양이 너무 많으면 식감이 건조하고 퍽퍽하게 되며 심한 경우에는 날가루 냄새가 나기도 합니다.

2 부드러움(Tenderizers)

부드러움과 연함을 말하며, 이를 만드는 재료로는 설탕과 유지, 팽창제 등이 있습니다. 유지 사용량이 너무 많으면 케이크 조직이 부서지기 쉽고 기름기가 많아 풍미가 떨어지며, 유지 사용량이 너무 적으면 케이크 결이 부드럽지 못하고 거칠며 식감 또한 단단하게 됩니다. 또한 팽창제 사용량이 너무 많으면 케이크에 뒷맛이 남고, 과한 가스 발생으로 인해 불규칙한 기공이 많이 만들어져 식감이 거칠어질 수도 있습니다.

3 촉촉함(Moisteners)

수분이 많은 촉촉한 상태를 말하며, 이를 만드는 재료로는 물, 우유, 설탕, 시럽, 액체 설탕, 달걀 등이 있습니다. 수분 사용량이 너무 많으면 볼륨이 줄고 힘이 약해 케이크가 납작해지기도 합니다. 설탕은 반죽의 촉촉함과 함께 볼륨을 만들지만 너무 많이 사용할 경우 케이크가 식은 뒤 중앙이 꺼지는 M자형 케이크가 만들어지고 설탕의 시럽화로 인해 표면이 끈적거리고 하얀 반점이 생기기도 합니다. 반대로 설탕 사용량이 적으면 크림화가 불안정해져 볼륨이 줄고, 식감에 촉촉함을 주는 보수성이 떨어지는 결과가 나타납니다.

4 건조함(Driers)

수분이 없는 건조한 상태를 말하며, 이를 만드는 재료로는 밀가루, 코코아파우더, 분유 등의 가루류가 있습니다.

케이크의 종류를 결정하는 재료 이야기

케이크는 다양한 재료들 간에 배합량을 조절하여 만드는 것으로, 밀가루 의존도가 높은 빵에 비해 각 재료들의 역할을 모두 고려해야 합니다. 각 재료의 특징을 잘 이해하고, 그 특징이 만들고자 하는 케이크에 잘 드러날 수 있도록 배합률의 균형을 잡는 것이 무엇보다 중요한데, 그러려면 모든 재료의 고유한 역할을 완벽하게 이해하고 있어야 합니다.

케이크 만들기에 사용되는 재료는 맛을 내는 단순한 역할 이전에 케이크의 식감과 형태를 만드는 데 기여하는 만큼 그 원리를 알아야 합니다. 사용하는 재료들이 서로 어우러졌을 때 어떤 맛과 어떤 식감, 또 어떤 형태를 만들어내는지에 대한 이해가 충분히 되어 있다면 성공적인 베이킹에 한발 더 다가설 수 있습니다.

재료 이야기는 몇 번을 반복해도 지나치지 않은데, 케이크를 잘 만들기 위한 기초가 되는 부분이기 때문입니다. 아무리 좋은 도구와 비싼 재료를 사용하더라도 그 재료에 대한 이해가 없다면 성공적인 베이킹 역시 없습니다. 재료 이야기를 꼼꼼하게 읽으면서 평소 만들었던 케이크에 대비해보세요. 재료에 대한 이해가 깊어질수록 좀 더 나은 케이크를 만들 수 있는 지름길이 보입니다.

Basic 01
케이크의 구조를 만드는 밀가루

밀가루는 베이킹 재료 중 가장 기본이 되는 재료입니다. 밀가루를 기준으로 다른 재료들의 배합량을 결정할 만큼 중요합니다.

밀가루는 케이크의 모양과 속 구조를 만드는 역할을 합니다. 함께 사용된 액체 재료와 뭉쳐져서 다양한 모양의 케이크틀에 넣어 구우면 오븐의 열에 의해 반죽이 팽창하면서 케이크틀 형태에 맞게 굳어지는 경화 작용이 일어납니다. 이때 밀가루가 케이크의 형태와 그 속의 구조를 만들어주는 역할을 하기 때문에, 밀가루는 곧 케이크의 형태를 결정짓는 아주 중요한 재료입니다.

보통 케이크를 만들 때는 단백질 함량이 7~9%인 박력분을 사용합니다. 밀가루의 단백질 함량이 높을수록 액체 재료와 섞여서 반죽될 때 글루텐이 많이 형성되는데, 입안에서 부드럽게 녹아내리는 케이크의 식감을 만들기 위해서는 글루텐 형성을 최소화하는 것이 중요하므로 단백질 함량이 낮은 밀가루를 사용하는 것이 가장 안정적입니다.

케이크를 만들 때 사용하는 밀가루에 글루텐이 많으면 식감이 단단해지면서 질깃한 느낌이 들기 쉽고, 반대로 글루텐이 너무 적으면 케이크 구조를 버티는 힘이 부족하여 부슬부슬 부서지는 식감이 만들어지기도 합니다. 그렇기 때문에 정도의 차이는 있지만 만들고자 하는 케이크의 특성을 고려하여 박력분보다 단백질 함량이 많은 중력분을 섞어서 사용할 수도 있고, 때에 따라서는 중력분만을 사용하여 케이크를 만들면 견고한 형태를 유지하여 오히려 더 좋은 결과가 나오기도 합니다.

최근에 들어서는 케이크 레시피가 매우 다양하고 폭넓게 개발되면서 식감과 외형을 고려해 중력분도 많이 사용하는 추세인데, 제 경우에도 케이크를 만들 때 중력분을 즐겨 사용합니다. 밀가루를 선택할 때, 부드럽지만 좀 더 힘 있고 씹는 맛에 탄력이 느껴지는 케이크를 선호한다면 중력분을, 연하면서 부드럽게 녹아내리는 케이크를 선호한다면 기존 방식대로 박력분을 사용하면 됩니다. 이때 유의할 점, 밀가루를 선택할 때 무조건 케이크의 질감만을 고려해서는 안 됩니다. 케이크는 다양한 재료가 어우러져 맛과 식감이 만들어지는 것이기 때문에 함께 사용하는 재료들과의 상호 보완 여부를 감안하여 밀가루를 선택하는 지혜가 필요합니다.

거품형 케이크에 사용하는 밀가루

달걀 거품으로 그 구조를 이루는 거품형 케이크는 일반적으로 단백질 함량이 가장 적은 박력분을 사용해야 글루텐이 적게 형성되어 거품형 케이크의 가장 큰 특징인 가볍고 폭신폭신하며 부드러운 식감을 만들 수 있습니다. 하지만 밀가루의 힘이 약한 만큼 케이크의 구조가 연해져서 안정적인 형태를 유지하는 데 어려움이 생길 수도 있기 때문에, 많은 양의 달걀이나 액체가 들어가는 경우에는 박력분에 중력분을 섞거나 아예 중력분만 사용해서 보다 안정적인 형태와 식감을 유지하기도 합니다. 중력분을 사용할 경우에는 반죽의 글루텐 형성을 최소화하기 위해서 밀가루를 믹싱하는 과정을 아주 신중하게 진행해야 합니다.

시폰형 케이크에 사용하는 밀가루

시폰형 케이크는 거품형 케이크보다 훨씬 많은 양의 액체와 오일이 배합되기 때문에 식감이 거품형 케이크보다 연하고 부드럽지만, 그만큼 구조는 약해지므로 박력분보다는 중력분을 사용하는 것이 좋습니다. 또한 시폰형 케이크는 일반 케이크틀이 아니라 가운데 기둥이 있는 전용 틀을 사용해야 가운데가 꺼지는 현상을 방지하고 그 틀에 반죽이 달라붙어 볼륨을 지탱할 수 있습니다. 이때 중력분을 사용하면 볼륨을 지탱하는 데 좀더 힘을 보태주므로 안정적인 볼륨과 구조를 가진 케이크를 만들 수 있습니다.

반죽형 케이크에 사용하는 밀가루

다량의 유지와 설탕이 주재료인 반죽형 케이크는 입안에서 녹아내리는 부드러운 식감도 중요하지만, 무엇보다도 외형적으로 견고한 형태를 잘 유지할 수 있는 묵직함이 매우 중요합니다. 또한 너트류나 건과일 등 다양한 부재료가 들어가는 만큼 부재료들이 밑으로 가라앉지 않도록 무게를 잘 지탱할 수 있는 반죽의 힘이 필요하므로 글루텐이 적어 힘이 약한 박력분보다는 글루텐이 있는 중력분을 사용하는 것이 좋습니다. 반죽형 케이크를 만들 때 박력분을 사용하면 식감이 가벼우면서도 부슬부슬하게 부서지는 경향이 있으며, 중력분을 사용하면 묵직하면서도 부드러운 식감의 반죽형 케이크가 만들어집니다.

케이크를 만들 때 어떤 밀가루를 사용할 것인가는 개인의 선호도와 함께 배합하는 부재료와의 균형도 고려되어야 합니다. 단순히 부드러움만을 생각해서 박력분을 사용하기보다는, 만들고자 하는 케이크의 특징을 고려하여 더 잘 맞는 밀가루를 선택하는 것이 중요합니다.

이 책의 케이크를 만들 때 레시피에 제시된 밀가루 종류를 기본으로 사용하되, 여기 설명한 밀가루의 특징과 각 반죽법에 따라 중요시되는 부분을 고려하여 박력분과 중력분을 자유롭게 활용하세요. 나만의 케이크를 좀 더 다양하게 만들어보는 즐거움이 생긴답니다.

* 이 책의 레시피 중 박력분을 사용한 거품형 케이크를 제외한 모든 케이크는 아이쿱생협의 우리밀 백밀가루를 사용하여 만들었습니다.

Basic 02
케이크의 식감을 결정짓는 설탕

케이크에 있어서 설탕은 단순히 단맛을 주기 위한 재료가 아닙니다. 한입 베어 물면 입안에서 살살 녹는 그 부드럽고 촉촉한 케이크의 식감은 바로 설탕에 의해서 결정되는 것입니다. 건강한 베이킹을 지향한다 하여 설탕량을 줄인다면, 줄인 만큼 식감에 대한 손해도 감수해야 합니다.

설탕은 매우 다양한 역할을 하지만, 그 무엇보다 중요한 역할은 케이크가 수분을 보유하게 하는 것입니다. 수분 함량이 많을수록 케이크는 부드럽고 촉촉해지는데, 그 이유는 많은 양의 설탕을 사용하면 그 설탕을 녹일 수 있는 액체(달걀이나 물, 우유 같은 유제품 등)도 그만큼 많이 사용하게 되고, 결과적으로 설탕은 그 액체를 보유하여 증발을 억제시킴으로써 케이크 내에 수분을 잡아두어 부드럽고 촉촉한 식감을 만듭니다. 뿐만 아니라, 그만큼 노화를 지연시키기 때문에 케이크의 신선도를 유지시키는 중요한 역할을 합니다.

설탕의 중요한 역할 중 또 하나는 바로 글루텐을 연화시키는 것입니다. 밀가루와 액체가 합쳐지면 밀가루 단백질인 글루아딘과 글루테닌이 결합하면서 글루텐이 생성되는데, 서로 치대질수록 더 많이 생성됩니다. 따라서 반죽을 오래 섞으면 글루텐으로 인해 케이크의 식감이 질기고 뻣뻣하며 부풀지 못해 볼륨이 부족한 케이크가 됩니다. 이때 설탕을 넣고 함께 반죽하면 글루텐 형성을 감소시킬 뿐만 아니라 이미 생성된 글루텐 조직을 끊어놓아 조직을 연화시킴으로써 케이크의 식감이 부드럽게 되도록 도와줍니다. 즉 적절한 배합률을 가진 케이크는 설탕의 역할에 따라 부드럽고 촉촉한 식감이 되기도 하지만, 설탕 함량이 너무 많을 경우에는 이 연화 작용으로 인하여 케이크가 부슬부슬하게 부서지기도 합니다.

또 설탕은 오븐의 열로 인해 녹으면서 갈변 현상과 캐러멜화가 진행되어 케이크의 색을 만들기도 합니다. 이 과정에서 사용한 설탕의 특징에 따라 특유의 풍미가 생기기도 하고 케이크의 외관을 멋지게 만들어주는 역할도 합니다.

이렇듯 설탕은 케이크의 부드럽고 촉촉한 식감과 색을 만들어주는 일등 재료로서, 설탕의 사용량과 사용 방법은 케이크의 맛을 결정짓는 참으로 중요한 부분입니다. 그래서 케이크는 빵과 달리 설탕을 무조건 줄일 수 없으며, 또 줄여서도 안 됩니다. 어쩔 수 없이 설탕을 줄여야 한다면 설탕을 줄인 만큼

수분을 보충해서 식감이 건조해지는 것을 방지할 수 있지만, 아무래도 부드러운 식감은 손해를 볼 수밖에 없습니다.

설탕은 일반적으로 사용하는 정백당인 백설탕과 사탕수수의 천연 당밀을 포함한 유기농 황설탕, 마스코바도 설탕을 사용합니다.

백설탕은 수분 함량이 많고 단맛이 좋으며 입자가 고와 베이킹에 가장 적합합니다. 이에 비해 유기농 설탕은 대부분 황설탕인데, 설탕 추출 과정에서 백설탕처럼 당밀을 완전히 제거하지 않고 잔류시켜 가공하였기 때문에 흰색이 아닌 황갈색을 띠며, 특유의 풍미와 깊고 은은한 단맛이 있지만 입자가 굵기 때문에 녹는 데 시간이 많이 걸리는 단점이 있습니다.

짙은 풍미와 색, 수분 함량이 많은 마스코바도 설탕은 사탕수수액을 당밀이 함유된 상태로 부분 정제하여 만든 갈색 설탕으로, 백설탕이나 일반 유기농 설탕과는 또 다른 맛과 향을 지니고 있습니다. 마스코바도 설탕은 당밀 함량이 많아 진한 갈색을 띠며, 백설탕보다 단맛은 덜하면서 수분 함량은 많아 매우 촉촉한 상태이기 때문에 케이크에 고스란히 그 장점이 살아납니다. 마스코바도 설탕을 가루류에 섞을 때 특히 주의해야 하는데, 수분 함량이 많아 설탕이 잘 뭉치는 만큼 반드시 잘 풀어서 가루류와 골고루 섞이도록 해야 합니다.

거품형 케이크에 사용하는 설탕의 역할

　달걀 거품으로 그 구조를 만드는 거품형 케이크류의 배합을 보면 대부분 배합률의 기준이 되는 밀가루보다 설탕량이 많습니다.

　각 거품형 케이크의 특성에 따라 다르지만 보통 밀가루 대비 100~200% 선에서 사용하는데, 설탕은 달걀 거품이 안정적으로 올라오는 것을 도와 풍부한 볼륨을 만듭니다. 또한 달걀에 완전히 녹여 구우면 케이크를 촉촉하고 부드럽게 하는 역할을 하는데, 설탕량을 과하게 사용할 경우 시럽화 현상으로 인해 케이크 결이 끈적거리고 축축해지는 현상이 나타나기도합니다. 반대로 너무 적게 사용할 경우에는 달걀 거품이 불안정하게 올라와 볼륨이 빈약한 케이크가 되며, 불규칙한 기공으로 인해 식감 또한 거칠어지는 원인이 됩니다. 달걀 거품으로 볼륨을 올리는 거품형 케이크를 만들 경우에는 입자가 고운 백설탕을 사용하는 것이 좋습니다. 입자가 굵은 설탕을 사용하면 녹는 데 시간이 많이 걸리고 보습성 또한 떨어져서 케이크의 식감이 건조해지고, 설탕 입자가 다 녹지 않은 상태에서 반죽에 섞여 구워지면 그 부분이 오븐의 열로 인해 시럽화되어 케이크의 결을 축축하게 만들기도 하며, 불규칙한 기공들이 많아져 식감이 거칠어지기도 합니다. 백설탕보다 입자가 굵은 유기농 황설탕을 사용할 경우 믹서에 백설탕 정도의 크기로 갈아서 쓰는 것이 좋습니다.

반죽형 케이크에 사용하는 설탕의 역할

많은 양의 버터를 사용하는 반죽형 케이크의 경우 설탕은 밀가루 대비 보통 70~120% 선에서 사용하는데, 거품형 케이크에 비해 배합량은 적지만, 설탕량에 따라 케이크의 부드러운 식감이 결정되기 때문에 무조건 설탕량을 조절할 수는 없습니다. 설탕량이 줄어들수록 수분도 줄어들어 식감이 건조해지고 보존성도 떨어지는데, 이때는 설탕을 줄인 만큼 액체를 보충해야 전체적으로 수분의 균형을 맞출 수 있습니다. 반죽형 케이크는 거품형 케이크처럼 처음부터 설탕을 완전히 녹이지 않아도 크림화 과정 등, 여러 단계의 반죽 과정을 거치는 동안 설탕이 자연스럽게 녹기 때문에 유기농 황설탕처럼 입자가 굵은 설탕을 사용해도 무방합니다. 크림법이나 투 스테이지법을 이용한 반죽형 케이크의 경우 유기농 황설탕이 좋은 풍미를 가진 케이크를 만드는 데 적당하며, 원믹스법으로 만드는 케이크의 경우에는 당밀을 많이 함유한 마스코바도 설탕을 사용하면 깊은 풍미와 짙은 케이크 색이 만들어져 좋은 결과를 가져옵니다. 그러나 일반 황설탕과 흑설탕은 사용하지 않는 것이 좋은데, 유기농 설탕처럼 천연 당밀이 함유되어 있는 것이 아니라 정제한 백설탕에 캐러멜을 입힌 가공 설탕이어서 풍미나 식감 면에서 만족할 만한 결과가 나오지 않기 때문입니다.

* 이 책의 레시피 중 백설탕이라 표기한 부분을 제외한 유기농 황설탕은 아이쿱생협의 자연드림 유기원당을 사용하였으며, 원믹스법에 사용한 마스코바도 설탕은 아이쿱생협의 자연드림 마스코바도 설탕을 사용하였습니다.

Basic 03
멀티플레이어, 버터

버터는 홈베이킹에서 가장 많이 사용하는 재료로, 우유의 지방을 분리하여 생크림을 만들고, 그 생크림을 세게 휘저어 엉기게 한 뒤 액체인 유청과 분리시켜 응고한 유제품입니다. 버터는 달걀이 주원료인 거품형 케이크보다는 반죽형 케이크에서 진가가 드러나는데, 버터가 가지고 있는 물리적인 특성을 잘 이해하고 케이크에서 어떤 역할을 담당하고 있는지를 정확히 파악하고 있어야 성공적인 베이킹을 할 수 있습니다. 버터가 케이크에서 담당하는 각각의 역할은 어느 한 부분도 사소하지 않은, 케이크의 전부라고 할 만큼 중요한 요소임을 인지해야 합니다.

버터의 향미와 풍미성

지구상의 어떤 인공향도 흉내 낼 수 없는 고소하고 그윽한 버터 향과 풍미는 케이크의 식감과 질을 결정짓는 중요한 요소입니다. 버터 향과 풍미는 여러 가지 복합적인 요소 중에서도 생우유 속에 들어 있는 지방에서 주로 생성된다고 합니다. 완전한 천연 유지인 버터는 세심하게 보관해야 신선도가 유지되어 버터의 풍부한 향미와 풍미를 케이크에 고스란히 담아낼 수 있습니다.

버터는 소금을 첨가하지 않은 무염버터와 마지막 공정에서 1~2%의 소금을 첨가한 가염버터로 나뉘는데, 가염버터는 보존력이 매우 좋지만, 베이킹 재료로 사용했을 때 버터의 소금 함량이 케이크 맛을 달라지게 하기 때문에, 그보다는 무염버터를 사용하고 소금을 따로 배합하는 것이 좀 더 안정적입니다. 하지만 버터에 가미된 소금은 미량이기 때문에 많은 양이 아니라면 가염버터를 사용해도 무방합니다. 단, 가염버터를 사용할 경우 반드시 레시피에서 소금 양을 줄이거나 빼야 맛의 밸런스가 맞는다는 것을 기억하세요.

유지방 약 80%와 수분 약 14~20%로 구성되어 있는 버터는 보존료나 산화방지제 같은 첨가물이 전혀 없는 천연 유지이기 때문에 빛과 공기, 온도와 습도에 매우 민감하여 세심한 보관이 필요합니다. 버터는 공기에 노출되면 지방이 산화되고 그 향이 변하며, 수분 함량으로 인해 쉽게 녹는 성질이 있고, 주변의 냄새를 잘 흡수하기 때문에 반드시 밀폐하여 5℃ 이하의 냉장고에서 보관해야 합니다. −15℃ 이하로 냉동 보관하면 1년 정도

품질이나 풍미가 변하지 않기 때문에, 자주 사용하지 않거나 많은 양의 버터를 구매했을 경우에는 밀봉한 뒤 냉동 보관하면 버터 고유의 향과 풍미를 지킬 수 있습니다. 버터의 풍부한 향과 맛은 신선도에서 기인한다는 사실을 기억하고 무엇보다 세심한 보관에 주의를 기울이세요.

버터의 크림성

버터의 가장 큰 물리적 특징은 믹싱할 때 공기를 버터 입자 사이사이에 잡아들임으로써 부피를 늘려 크림화시키는 크림성입니다. 이 크림성은 반죽형 케이크의 성패가 달린 아주 중요한 요인인데, 크림화 정도에 따라 부드러운 식감과 풍부한 볼륨이 결정되기 때문입니다. 크림화에서 중요한 부분은 사용하는 버터의 상태인데, 최대로 크림화하기 위해서는 반드시 찬기가 없는 실온 상태의 버터를 마요네즈처럼 아주 부드럽게 만들어 사용해야 한다는 점입니다.

버터는 평소에 냉장 보관하는데, 찬기가 남아 있는 단단한 상태의 버터를 그대로 사용하면 크림화가 제대로 진행되지 못하여 볼륨이 만들어지지 않고, 달걀 같은 액체 재료를 믹싱할 때 이미 크림화된 버터 반죽이 다시 분리되는 결과를 초래합니다.

베이킹하기 전 반드시 버터를 실온에 꺼내 두어 찬기가 완전히 사라지게 한 뒤에 크림화해야 하며, 미리 준비하지 못한 상태에서 급하게 만들어야 할 경우라면 덩어리 상태인 버터를 칼로 잘게 다져서 면적을 최소화한 뒤 손으로 버터를 주물러 빠른 시간 내에 찬

버터의 저장성과 안정성

　버터는 케이크를 장기간 보존해도 상하지 않도록 저장성을 높여주고, 케이크 내의 수분과 향미 증발을 방지해서 식감을 향상시키고 안정적으로 만드는 역할을 합니다. 버터 케이크류는 대부분 빵에 비해 유통기한이 긴 것이 특징인데, 이는 버터를 많이 사용할수록 수분 증발이 더뎌 촉촉한 식감이 계속 유지될 수 있기 때문입니다.

버터의 윤활성

　버터는 반죽 속에 얇은 막 상태로 골고루 퍼져 있으면서 반죽 내에 형성된 글루텐을 둘러싸서 끊어놓아 질깃하지 않고 부드러운 조직을 만드는 윤활유 역할을 합니다. 반죽형 케이크의 기법 중 밀가루에 액체 재료를 믹스하기 전 미리 버터로 밀가루를 코팅한 뒤 액체를 섞어 반죽하는 투스테이지법이 있습니다. 이것이 바로 윤활성에서 기인한 것으로, 고배합(설탕량이 많은 배합)에 따른 반죽의 과한 믹싱으로 생성될 수 있는 글루텐을 미리 방지하여 입에서 녹는 느낌이 남다른 부드럽고 촉촉한 케이크 질감을 만들어내는 것입니다.

버터의 유화성과 흡수성

　케이크의 촉촉한 식감을 만들기 위해서는 많은 양의 액체 배합이 필수적인데, 버터는 그런 많은 양의 수분을 흡수하는 흡수성과 흡수된 수분이 버터에 잘 섞이게 하는 유화

기를 사라지게 만들어 사용합니다. 간혹 버터를 불에 직접 녹이거나 전자레인지에 돌려서 녹이는 경우가 있는데, 이럴 경우 버터가 아주 짧은 시간 내에 녹아내려 액체로 돼버리기도 합니다. 버터는 한번 녹으면 조직이 부서지고 버터 내의 수분 분포가 불규칙해져서, 다시 굳히거나 얼린다 해도 버터가 가진 크림성을 잃어버려 원래의 버터 상태로 돌아가지 못하고 풍미와 식감마저 나빠집니다.

성을 가지고 있습니다.

원래 물과 기름은 서로 섞이지 않는 성질이 있지만, 버터를 크림화하면서 달걀이나 우유 같은 액체 재료를 더하면 지속적인 휘핑으로 인해 액체 재료가 아주 작은 입자가 되어 버터 안에 골고루 분산되면서 부드럽고 풍부한 볼륨을 가지게 되고 이로 인해 보다 부드럽고 촉촉한 케이크가 만들어집니다.

오일

케이크 만들 때 액체 상태의 유지인 오일을 사용하는 경우는 거의 없지만, 버터 대신 오일을 사용하는 경우는 있습니다. 이는 주로 원믹스법에 녹인 버터 대신 사용하는 경우로, 거품형 케이크에 소량으로 배합되기도 합니다. 오일은 버터와 같은 유지이지만 성질이 전혀 다르기 때문에 버터가 갖는 다양한 기능과 역할은 담당하지 못합니다. 무엇보다도 버터의 가장 중요한 기능인 크림성을 액체인 오일은 갖지 못하기 때문에 케이크의 볼륨에 영향을 줄 수는 없지만, 케이크의 촉촉한 식감에는 많은 영향을 줄 수 있습니다. 원믹스법으로 만드는 케이크일 경우 배합되는 유지가 대부분 녹인 버터인데, 이를 오일로 대체하면 경우에 따라서는 버터 녹인 것보다 더 촉촉하고 부드러운 식감을 만들기도 합니다. 오일의 가장 큰 특징은 점도(끈적임)가 낮아 버터에 비해 느끼함이 적고 버터의 풍미는 없지만 케이크의 맛을 아주 깔끔하게 만드는 좋은 역할을 하는 것입니다.

오일을 사용하더라도 특별한 향이 나는 오일은 피해야 하는데, 베이킹에 가장 적합한 오일은 포도씨유입니다. 카놀라유도 좋지만, 일반 콩기름이나 옥수수유 같은 식용유와 향이 강한 올리브유는 사용하지 않는 것이 좋습니다. 포도씨유는 다른 오일에 비해 점도가 낮고 맛이 아주 깔끔하며 향이 없기 때문에 원믹스법으로 만들 때 많은 양을 사용해도 느끼하거나 기름진 느낌이 들지 않아 베이킹용으로 아주 적합합니다.

Basic 04
케이크의 필수 재료, 달걀

달걀은 밀가루와 합쳐져서 케이크의 구조를 강화하고 조직을 형성하는 큰 역할을 합니다. 또한 하나의 달걀이지만 노른자와 흰자는 구성 성분과 물리적 특성이 서로 다르기 때문에, 케이크에서 노른자와 흰자가 담당하는 역할 역시 각각 다릅니다.

달걀은 보통 껍질 10%, 흰자 60%, 노른자 30%로 구성되어 있습니다. 베이킹에서 사용하는 달걀 1개는 달걀 껍질 무게를 뺀 것으로 50~55g 정도의 것을 사용합니다. 그런 달걀을 흰자와 노른자로 나누면 대략 흰자의 무게는 30~35g 정도이며 노른자의 무게는 20g 내외가 됩니다.

거품형 반죽이나 시폰형 반죽으로 케이크를 만들기 위해 노른자와 흰자를 분리해서 사용할 경우, 분리한 노른자를 바로 사용하지 않고 공기에 노출되도록 두면 짧은 시간 내에 겉부분이 말라서 얇은 막의 덩어리로 남는데, 이 덩어리진 부분은 아무리 거품기로 섞어도 풀어지거나 없어지지 않고 그 상태로 반죽에 섞인 채 구워져서 케이크 결에 그대로 남을 수도 있습니다. 따라서 달걀의 흰자와 노른자를 분리한 뒤 바로 사용하지 않을 경우에는 밀폐용기에 넣거나 비닐 등으로 공기를 차단해서 보관하는 세심한 과정이 필요합니다.

달걀은 실온 상태의 것을 사용해야 하는데, 특히 크림법에 사용하는 달걀은 반드시 찬기가 완전히 사라진 실온 상태로 준비해야 합니다. 크림화된 버터에 차가운 달걀이 섞이면 버터가 단단해져서 달걀의 수분과 버터의 지방이 골고루 섞이지 못해 서로 겉돌면서 몽글몽글하게 쪼개지는 분리 현상이 일어납니다. 이런 분리 현상은 케이크 식감에 나쁜 영향을 미칠 수 있으므로 반드시 실온 상태의 달걀을 사용하고, 만일 미처 실온에 꺼내두지 못한 상태에서 급하게 만들어야 할 경우에는 껍질째 따뜻한 물에 잠시 담가두어 달걀 안에 있는 찬기를 완전히 가시게 만든 뒤 반죽에 넣어야 좋은 볼륨과 식감을 자랑하는 케이크가 만들어집니다.

응고성

달걀은 밀가루 단백질과 결합하여 열에 의해 응고되면서 케이크의 형태를 이루는 구조를 형성합니다. 대부분 수분으로 구성되어 있는 달걀은 여러 가지 재료들을 결합시켜 반죽이 잘 뭉치게 하며, 함께 배합된 다른 재료의 풍미를 높이면서 촉촉한 식감을 가진 케이크로 만들어지도록 도와줍니다. 즉 달걀 사용 여부에 따라 형태의 견고성에 차이가 나기 때문에 베이킹에 있어서 달걀은 밀가루와 함께 힘 있게 형태가 잘 잡힌 케이크의 구조를 만드는 아주 중요한 역할을 합니다.

거품성

케이크에 있어서 달걀의 가장 중요한 성질은 거품을 올려 구조를 형성하는 거품성입니다. 달걀을 믹서로 휘핑하여 거품을 올리기 시작하면 달걀에 공기가 들어가면서 공기 입자 하나하나가 달걀의 단백질 막으로 둘러싸인 자잘한 거품들이 올라오기 시작합니다. 처음에는 단백질 막으로 둘러싸인 거품들의 크기가 불규칙하지만, 휘핑을 계속할수록 거품 입자들은 더 많아지면서 계속해서 조개지고 나누어져 서서히 곱고 단단하며 광택 나는 거품이 만들어집니다. 이렇게 형성된 거품에 다른 재료들을 섞어서 오븐에 굽게 되는데, 오븐의 열에 의해 거품은 더 팽창하게 되고 거품을 둘러싼 달걀의 단백질 막도 함께 팽창하여 볼륨이 점점 커집니다. 이런 굽기 과정이 끝날 즈음 달걀의 단백질은 부풀린 상태 그대로 전부 응고되어 자잘한 기공

을 가진 단단한 조직을 이루고 케이크의 형태를 갖추게 됩니다. 이런 과정을 통해 만들어지는 케이크가 바로 스펀지케이크이며 이는 달걀의 거품성을 이용한 가장 기본적인 거품형 케이크입니다.

유화성

달걀흰자가 거품성에 큰 역할을 한다면 노른자는 지방 성분인 레시틴이 유화 작용을 하여 반죽의 유지와 수분이 분리되지 않도록 도와줍니다. 본래 레시틴은 천연 유화제라 불릴 만큼 유화성이 뛰어나서 반죽이 잘 섞이도록 도우며, 식감의 촉촉함, 부드러움과 함께 구조를 형성하는 역할까지 하는 등 다양한 특성을 가지고 있습니다.

Basic 05
케이크 도우미, 유제품

유제품은 밀가루, 버터, 설탕, 달걀과 같은 필수 재료가 아니기 때문에 영향력은 미미하지만, 중요 재료들의 도우미로서 풍부한 영양과 깊은 풍미, 부드럽고 촉촉한 식감을 내기 위해 다양하고 폭넓게 사용됩니다. 케이크에 사용되는 유제품은 종류가 다양한데, 주로 생우유나 우유의 지방을 분리해서 만든 생크림, 생크림을 발효시킨 사워크림, 생우유를 발효시킨 플레인 요구르트 등이 있습니다. 이들 유제품은 버터나 달걀과 마찬가지로 반드시 실온 상태에서 사용해야 하는데요. 특히 반죽형 케이크를 만들 때 차가운 상태로 반죽에 섞이면 크림화한 버터 반죽을 굳힐 수 있습니다.

우유

우유 단백질은 밀가루 단백질과 합쳐져서 케이크의 구조를 만들고, 설탕과 함께 수분을 보유하여 촉촉하고 부드러운 식감을 만들며, 케이크의 진한 껍질 색을 만드는 역할도 합니다. 또 우유는 물과 같은 액체 상태이기 때문에 반죽의 되기를 조절하기도 합니다.

생크림

생크림은 우유의 지방을 농축해 만든 크림으로, 천연 버터만큼이나 케이크에 깊은 풍미를 주는 유제품입니다. 생크림이 케이크에 액체 재료로 사용될 경우 그 유분 함량으로 인해 버터와 함께 부드럽고 촉촉한 식감, 깊고 은은한 향미를 주어 케이크를 고급스럽게 만들어주지요. 버터케이크류 중 머핀같이 밀가루나 설탕에 비해 버터 함량이 적은 케이크의 경우 액체 재료로 생크림을 사용하면 부족한 유분을 보충해서 식감이 한결 좋아지는 장점이 있습니다.

또 생크림은 스펀지케이크류에 장식용이나 샌드용 크림으로도 많이 사용됩니다. 거품기로 생크림의 거품을 올리면 단단한 크림이 만들어지는데, 이 크림을 롤케이크의 필링으로 사용하거나 외관을 예쁘게 장식하는 데 사용하기도 합니다.

생크림은 버터와 같은 천연 상태의 재료이기 때문에 온도에 민감하여 쉽게 상하는데다 유통기한도 매우 짧아 취급하기가 무척 까다롭고 그만큼 보관에 세심한 주의가 필요합니다. 케이크 장식으로 사용할 경우, 주변 온도에 매우 민감한 생크림이 쉽게 녹아내릴 수

우유

생크림

플레인 요구르트

$\frac{1}{2}$ TSP

사워크림

있는데요. 단단함이 안정적으로 유지되지 않는 생크림의 단점을 보완하여 장식용으로 사용하기 편리한 가공 크림이 나와 있습니다. 하지만 이것은 식물성 유지와 안정제를 합성한 가공 크림이어서 생크림의 풍미나 맛을 대신하기에는 많은 한계가 있습니다. 단순한 장식용으로는 별 무리가 없지만, 케이크의 액체 재료로는 적합하지 않습니다.

사워크림

사워크림은 천연 유지인 생크림을 유산균으로 발효시킨 발효 크림으로 반죽형 케이크나 치즈케이크를 만들 때 아주 중요한 재료로 사용됩니다.

유지방 함량이 많아 부드러운 케이크 식감과 함께 진하고 풍부한 풍미를 만들어주는 중요한 액체 재료로, 진한 농도의 액체 상태인 생크림에 비해 크림 타입의 적당한 굳기를 지니고 가벼운 질감과 새콤한 맛이 나는 것이 특징입니다.

우유에 비해 유분 함량이 많고 생크림보다 가벼운 성질로, 사워크림만의 독특한 향과 맛이 만들어내는 결과물은 매번 감탄을 자아냅니다. (p.16 비법 이야기의 사워크림 만들기를 참고하세요)

플레인 요구르트

사워크림이 생우유의 지방을 모아 만든 생크림을 유산균으로 발효시킨 크림임에 반해, 플레인 요구르트는 그냥 생우유를 발효시킨 것이어서 사워크림보다는 유분 함량이 적어 아주 깔끔하고 가벼운 크림 타입의 유제품입니다. 유지 함량이 많아 느끼할 수 있는 버터 케이크를 만들 때 크림 타입의 플레인 요구르트를 사용하면 깔끔한 식감과 깊은 풍미를 지닌 케이크로 변신시킨답니다.

플레인 요구르트는 완전 액체 상태보다는 걸쭉하고 농도가 묽은 크림 상태의 것으로, 설탕이나 부재료가 아무것도 첨가되지 않은 무가당 제품을 사용하세요.

유제품을 케이크에 액체 재료로 사용할 경우 반드시 모든 재료는 너무 차갑거나 뜨겁지 않은 실온 상태로 준비해야 합니다.

우유와 생크림, 사워크림과 플레인 요구르트는 모두 서로 대체하거나 적당량을 섞어서 사용할 수 있습니다. 이것은 만들고자 하는 케이크의 배합에 따라 달라질 수 있는데, 유제품의 경우 다른 재료들에 비해 자유롭게 선택해서 사용할 수 있는 장점이 있으니 다양한 레시피에 적용하면서 취향에 맞는 케이크를 만들어보면 좋겠지요.

저는 보통 만들고자 하는 케이크 레시피의 버터 배합률을 보고 유제품을 선택하는데, 밀가루 대비 버터 함량이 많은 파운드케이크류에는 우유나 플레인 요구르트를 사용하고, 밀가루 대비 버터 함량이 적은 일반 버터 케이크류에는 생크림이나 사워크림을 사용하여 밸런스를 맞춘답니다. 이렇게 조절해서 사용하면 항상 좋은 풍미의 케이크가 만들어집니다.

Basic 06
케이크의 볼륨을 책임지는 팽창제

빵을 만들 때 사용하는 팽창제인 이스트가 살아 있는 생명체라면, 케이크류에 사용하는 베이킹파우더나 베이킹소다 같은 팽창제는 화학적 합성물입니다. 따라서 주변 온도나 환경에 많은 영향을 받는 이스트를 다루는 빵에 비해 케이크는 환경의 영향을 받지 않기 때문에 자신이 만들고 싶은 케이크를 실패하지 않고 잘 만들 수 있는 장점이 있습니다.

베이킹파우더는 달걀 거품을 올려 조직과 식감을 만드는 거품형 케이크보다는 버터케이크 같은 반죽형 케이크를 만들 때 주로 사용합니다. 베이킹파우더는 밀가루 단백질을 부드럽게 만들어 케이크의 식감도 부드럽게 만드는 연화 작용과 부피를 증가시키는 팽창 작용을 함께 하는데요. 팽창 작용의 경우 오븐의 열에 의해 반죽에 섞인 베이킹파우더는 탄산가스와 암모니아가스 등을 만들어내고, 이렇게 만들어진 다량의 가스들이 반죽 사이사이에 퍼져 반죽을 부풀림으로써 그 조직이 가벼워지는 원리를 이용한 것입니다.

베이킹소다는 사용량이 많을 경우 비누 맛과 쓴맛을 남기는 단점이 있는데, 이것을 보완하기 위해 산성제와 전분을 섞어서 만든 것이 베이킹파우더입니다. 베이킹파우더는 손쉽게, 보다 안정적으로 케이크의 볼륨을 만들어주기 때문에 베이킹에 가장 많이 사용합니다.

간혹 코코아파우더나 초콜릿이 재료에 배합될 경우 베이킹파우더 외에 베이킹소다를 소량 사용하기도 하는데, 이는 재료들로 인한 반죽의 지나친 산성화를 중화시켜 안정적인 케이크를 만들기 위한 것으로, 특히 코코아파우더 같은 초콜릿 계통의 재료를 사용할 경우 베이킹소다를 함께 넣으면 색이 더 짙고 발색이 곱게 나는 장점이 있습니다.

보통 베이킹소다의 팽창력은 베이킹파우더의 3배 정도 되기 때문에 같은 양을 사용하면 안 됩니다. 또 앞서 말했듯이 베이킹소다는 조금이라도 과하게 사용할 경우 좋지 않은 뒷맛이 남는다는 것을 기억하세요.

베이킹파우더

베이킹소다

Basic 07
케이크의 풍미를 창조하는 술과 향신료

바닐라빈

럼

바닐라엑스트랙

술과 향신료는 가장 적은 양이 첨가되지만, 사용 여부에 따라서 케이크의 전체적인 풍미가 달라지고, 때에 따라서는 케이크의 이름을 결정짓기도 할 만큼 매우 중요한 역할을 합니다. 케이크를 고급스럽게 완성하려면, 비싼 재료를 사용하기에 앞서 소량의 재료도 빼먹지 않는 세심함과 정성이 우선시되어야만 합니다. 적은 양이 배합되기 때문에 쉽게 생략할 수도 있는 재료들이지

만, 이들 재료를 사용했을 때와 사용하지 않았을 때 입안에서 느껴지는 풍미에는 대단한 차이가 있습니다. 말로는 표현할 수 없는 특별함이지요.

술과 향신료의 배합률은 케이크의 전체적인 맛과 향을 고려하여 결정하면 됩니다. 단, 너무 많은 양을 사용할 경우 오히려 역효과가 날 수 있습니다.

술

베이킹에 술을 사용하는 가장 큰 목적은 케이크의 전체적인 풍미를 끌어올리기 위함입니다. 달걀을 주재료로 많이 사용하는 케이크의 특성상 술 사용은 필수적인데요. 달걀 비린내를 포함하여 여러 가지 재료들이 배합되면서 생성될 수 있는 잡냄새를 없애는 한편 술의 그윽한 향으로 풍미를 높이는 역할을 하기 때문에 레시피에 술이 들어 있다면 생략하지 않고 반드시 넣는 것이 원칙입니다. 또한 술은 많은 양의 설탕이 만들어내는 진한 단맛을 부드럽게 중화시키고, 술의 단맛과 신맛, 쓴맛을 이용해서 케이크에 한층 다양하고 풍부한 맛을 만들어줍니다.

하나 더, 보통 30~40도 정도 되는 높은 도수의 알코올 성분은 천연 살균제 역할을 하여 잡균 번식을 억제하고 보존성을 높이기까지 합니다.

베이킹에 가장 많이 사용하는 술은 럼(Rum)으로, 사탕수수 원액과 원액에서 설탕을 분리하고 남은 당밀(Molasses)을 원료로 하여 만듭니다. 럼은 화이트럼, 골드럼, 다크럼 등 세 가지로 나뉘는데, 보통 화이트럼을 가장 많이 사용하며, 취향에 따라서 다크럼을 사용하기도 합니다. 저는 다크럼을 선호하는 편으로, 이 책의 레시피에 사용된 대부분의 럼은 다크럼에 속합니다. 짙은 갈색이 나는 다크럼은 주로 자메이카(Jamaica)에서 생산되며, 풍미로 따지면 헤비 럼(Heavy Rum)에 해당됩니다. 사탕수수 원액의 당밀을 자연 발효시켜 다른 럼보다 오랜 시간 숙성시킨 것으로 화이트럼에 비해 향미가 풍부하여 케이크에도 깊은 풍미를 만들어줍니다. 저는 집에서 바닐라엑스트랙을 만들 때도 대부분 다크럼을 사용하는데, 색상이나 풍미 면에서 화이트럼으로 만든 것보다 좋습니다. 레시피의 다크럼 대신 화이트럼이나 골드럼을 사용해도 무방하며, 럼의 종류나 브랜드에 따라 풍미 면에서 약간씩은 차이가 있습니다.

향신료

바닐라(Vanilla)

베이킹에 있어서 대표 향신료인 바닐라는 열대에서 자라는 덩굴성 난초과의 식물입니다. 바닐라의 덜 익은 열매를 미리 따서 발효시키면 색깔이 갈색으로 변하면서 특유의 향이 생성됩니다. 바닐라 향은 달걀이 주원료가 되는 케이크의 달걀 비린내를 없애주며, 기타 여러 가지 재료들로 인한 잡냄새를 향긋한 향으로 바꿔서 케이크 자체를 고급스럽게 변신시킵니다.

바닐라는 여러 가지 형태로 베이킹에 사용하는데요. 씨앗 자체를 긁어서 넣기도 하고, 40도 정도의 도수가 높은 럼에 담가 숙성시키거나(바닐라엑스트랙), 바닐라 향이 나는 바닐라설탕, 바닐라에센스, 바닐라유, 바닐라페이스트 등으로 다양하게 만들어 활용합니다.

베이킹은 고온에서 오래 굽는 경우가 많기 때문에 향이 가벼운 바닐라에센스나 바닐라유보다는 바닐라설탕이나 엑스트랙, 페이스트 형태를 사용하는 것이 좀 더 깊고 오래

너트매그파우더

시나몬파우더

가는 바닐라 향을 즐길 수 있는 방법입니다.
(바닐라 활용법에 관해서는 p.14~16 비법 이
야기를 참고하세요)

계피(Cinnamon)

영문으로 '시나몬'이라고 불리는 계피는 열
대성 상록수인 계피나무의 껍질을 벗겨 둥
글게 말아 발효시킨 뒤 그늘에서 말려 완성
하는 향신료인데, 보통 베이킹에는 건계피
를 파우더 형식으로 곱게 갈아서 사용합니
다. 많은 빵이나 케이크, 쿠키 등에 '시나몬~'
이라는 단독 이름이 붙을 만큼 그 향이 독특
하고 고급스러운 향신료로, 약간의 매운맛과
단맛, 아주 미세한 청량감이 느껴져서 누구
나 거부감 없이 좋아하는 향신료입니다.

계피는 단순히 향만 내는 것이 아니라 설
탕이 많이 들어가는 케이크의 단맛을 승화시
켜 한결 향기롭게 만드는 역할을 하며, 필링

이나 부재료가 들어가지 않아 자칫 심심할
수 있는 플레인 케이크에 아주 약간만 첨가
해도 그 자체로 특색 있는 케이크로 변신할
만큼 영향력이 매우 큰, 베이커들에게 가장
사랑받는 향신료입니다.

너트메그(Nutmeg)

시나몬파우더와 함께 자주 쓰이는 너트메
그는 육두구 나무의 열매로, 달콤하고 독특
한 향이 특징입니다. 시나몬파우더처럼 단독
향신료로 쓰기보다는 여러 가지 향신료와 섞
어서 사용하는데, 특히 시나몬파우더나 진저
파우더와 섞었을 때 향미가 더 살아납니다.
너트메그파우더를 소량만 사용해도 향이 깊
고 오래가는데, 보통 엄지손가락과 집게손가
락으로 살짝 집힐 정도의 양을 사용하는 것
이 적당합니다.

Basic 08
케이크의 양념, 소금

소금은 제빵에서 큰 역할을 하는 데 비해 케이크에 있어서는 그리 큰 역할을 담당하지 않습니다. 다만, 음식에 들어가는 소금의 역할이 그렇듯이 케이크에 있어서도 간을 맞추는 역할을 하여 함께 사용한 재료들의 향미를 만들어줍니다. 또한 함께 배합된 설탕의 단맛을 중화시켜 케이크의 감미도를 조절해서 전체의 풍미를 높이는 역할을 합니다.

케이크에 사용하는 소금은 입자의 크기가 중요한데, 너무 굵은 소금은 녹는 데 시간이 걸리므로 사용하지 않는 것이 좋으며 구운 소금이나 천일염을 잘게 다져서 사용하는 것이 좋습니다.

반죽형 케이크인 버터케이크에는 버터가 들어가는데, 이때 무염버터가 아닌 가염버터를 사용하면 반드시 레시피보다 소금을 감해야 합니다. 참고로, 가염버터일 경우 보통 버터의 1.5~2% 정도의 소금이 들어 있습니다.

Basic 09
케이크의 감초, 가루류

밀가루 외에 제가 케이크에 가장 자주 사용하는 가루류는 대략 두 가지로, 코코아파우더와 아몬드파우더가 있습니다. 이 가루들은 밀가루의 일부를 대신해 케이크에 독특한 개성과 맛을 부여하는 재료로, 소량만 첨가해도 케이크가 색다르게 변신할 만큼 영향력이 큽니다. 케이크의 이름이 되기도 하는 이 재료들로 좀 더 다양하고 색다른 케이크를 만들어보세요.

코코아파우더

코코아파우더는 카카오에서 코코아버터를 제거한 뒤 건조시켜 곱게 분쇄한 것으로, 케이크에 초콜릿의 풍미와 색감을 주는 재료입니다. 보통 케이크에 사용할 때는 밀가루 대비 15~30% 선에서 넣는 것이 적당한데, 흡수성이 뛰어나기 때문에 코코아파우더를 사용할 경우 사용한 분량만큼 수분도 늘려주어야 식감이 건조해지는 것을 방지할 수 있습니다.

코코아파우더는 달걀 거품을 꺼트리는 작용을 하기 때문에 케이크 반죽을 망치는 경우가 종종 발생하고, 코코아파우더의 지방성분으로 인해 수분인 반죽에 잘 안 섞이기도 합니다. 따라서 코코아파우더가 들어가는 케이크를 만들 때는 특별한 주의가 필요합니다. 코코아파우더는 반드시 밀가루와 함께 체에 두세 번 이상 쳐서 사용해야 하며, 경우에 따라서는 우유나 액체 재료에 녹인 뒤 섞는 것이 더 안전할 수도 있습니다.

코코아파우더는 건조하고 서늘한 곳에 보관해야 하는데, 코코아파우더의 수분 함유량이 많아지면 곰팡이가 생길 수 있으므로 항상 공기가 완전히 차단되도록 밀폐용기에 담거나 밀봉하여 보관해야 합니다.

아몬드파우더

아몬드파우더는 아몬드의 껍질을 벗기고 곱게 빻아 가루로 만든 것으로, 뽀송뽀송한 느낌과 함께 아몬드 자체의 유분으로 인해 약간 촉촉한 상태를 유지하는 파우더입니다. 다른 파우더처럼 아주 건조한 상태가 아닌데, 이런 점이 케이크의 식감에 고스란히 나타나지요. 밀가루의 일부를 아몬드파우더로 대체해서 넣으면, 아몬드 특유의 고소하고 진한 맛과 함께 아몬드파우더의 유분으로 인해 좀 더 촉촉하고 부드러운 식감을 가진 케이크가 만들어집니다.

아몬드파우더는 필링이나 토핑 같은 부재료가 첨가되지 않는 단순한 케이크를 만들 때 넣으면 진가를 발휘하는데요. 소량만 섞어도 케이크의 향과 맛이 달라질 정도로 독특한 풍미를 만듭니다. 아몬드파우더를 사용할 경우 보통 밀가루 대비 15~30% 선에서 넣는 것이 좋습니다. 너무 많은 양을 사용하면 케이크 구조에 영향을 주어 케이크 결이 부슬부슬하게 부서질 수 있습니다.

반드시 밀가루와 함께 체에 두세 번 정도 쳐서 덩어리진 것 없이 고운 가루 상태로 만들어 반죽에 섞어야 하며, 체에 친 뒤에도 다시 뭉칠 수 있으니 주의가 필요합니다. 또한 공기 중에 오랫동안 노출되면 산화되어 상할 수 있으니, 반드시 밀봉하여 냉장 보관하도록 합니다.

A

A

Foam
Type
Cake

B

C

A

L

Part 2

거품형 케이크

U

T

K

E

Intro
거품형 케이크란?

거품형 케이크는 밀가루가 아닌 달걀 거품에 의해 볼륨이 형성되는 케이크를 총칭합니다. 즉 달걀의 성질인 거품성과 단백질의 응고성을 최대로 이용한 반죽법으로 만드는 케이크입니다. 우리가 흔히 스펀지케이크라고 지칭하는 케이크는 가장 대표적인 거품형 케이크로, 보통 거품형 케이크를 스펀지케이크라고 일컫기도 합니다. 본래 스펀지케이크는 재료나 만드는 방법이 비교적 단순한데, 요즘은 같은 스펀지케이크라도 용도나 만드는 방법 등등이 매우 방대해져, 오히려 알면 알수록 만들기 어려운 케이크가 돼버렸습니다. 베이커에 따라 다양하게 변형되는 재료들, 여러 가지 배합법, 독특한 기술들의 접목으로 지금 이 순간에도 수많은 스펀지케이크가 새로 만들어지고 있기 때문에, 스펀지케이크를 정의하기는 쉽지 않습니다. 거품형 케이크에 있어서 달걀은 가장 기본이 되는 재료이자 가장 중요한 재료인데, 이는 달걀의 거품화가 어느 정도 성공하느냐에 따라 스펀지케이크의 식감과 맛이 달라지기 때문입니다.

달걀은 노른자와 흰자로 구성되어 있는데, 이 중 거품화에 큰 역할을 하는 것은 흰자입니다. 흰자의 거품력에 따라 케이크의 전체적인 볼륨과 식감이 결정될 만큼 흰자의 역할은 아주 중요합니다. 노른자의 경우 지방이 30%나 들어 있어 거품력이 매우 약하지만 노른자 속 레시틴이라는 성분이 유화 작용을 하여 거품을 만들 수는 있습니다. 그러나 흰자만큼 케이크 볼륨에 큰 영향을 주지는 않습니다. 이렇듯 정도의 차이는 있지만 거품형 케이크를 만들 때 달걀의 흰자와 노른자는 모두 일정 역할을 하는 만큼, 다른 재료들로 대체할 수 없는 매우 중요한 재료입니다.

달걀 거품화의 정도가 스펀지케이크의 성질을 결정하는 만큼, 재료를 배합할 때 달걀 양이 많으면 많을수록 가벼운 스펀지케이크가 되지만, 달걀 배합률이 밀가루에 비해 너무 높으면 완성된 케이크의 부풀림을 지탱하는 구조가 약해져 케이크가 식었을 때 푹 꺼지는 현상이 나타납니다. 한편으로 설탕 배합률이 너무 높으면 케이크의 식감이 축축하면서 끈적거리게 되고, 배합률이 너무 낮으면 달걀 거품이 부실해져 결과적으로 볼륨이 부족한 케이크가 만들어집니다. 따라서 거품형 케이크를 만들 때는 재료의 배합률을 조절하는 것이 매우 중요한데, 이 경우 적절한 단맛을 내기 위해 설탕 양을 줄이거나 늘리고 많이 부풀리기 위해 달걀을 추가하는 식

의 단순한 배합률 조절이 아님을 기억해야합니다. 올바른 재료의 배합은 많은 프로 베이커들이 끊임없는 노력과 실습을 통해 찾은 최적의 배합률과 이를 적용한 케이크를 만들어냄으로써 검증된 레시피에 근거를 두어야 합니다.

케이크에 들어가는 많은 양의 설탕이 단순히 달콤한 맛을 내기 위한 재료가 아니라 부드럽고 촉촉한 식감의 척도가 된다는 것은 베이킹 이론에서 통용되는 지식인데, 이를 모르면 최상의 맛을 지닌 케이크를 만들 수 없겠지요. 설탕뿐 아니라 사용하는 모든 재료의 역할과 적절한 배합률에 숨어 있는 베이킹 원리를 정확하게 알아야 실패하지 않고 맛있는 케이크를 탄생시킬 수 있음을 꼭 기억하세요.

거품형 케이크를 만드는 방법은 크게 공립법과 별립법 두 가지로 나뉘는데, 이들 기법의 첫 번째 차이점은 달걀 거품 내는 방법과 재료를 섞는 순서에 있습니다.

두 번째 차이점은 식감에 관한 것으로, 공립법으로 만든 케이크는 식감이 매우 부드러워 주로 심플한 원형 케이크인 데 반해 별립법으로 만든 케이크는 질긴 편에 속하기 때문에 시럽이나 무스 등 수분을 많이 사용하는 장식용 케이크에 적합합니다.

거품형 케이크는 특별한 경우를 제외하고는 한 레시피에 공립법과 별립법 두 가지를 모두 적용할 수 있으니, 케이크 용도에 따라 장단점을 파악해서 알맞은 기법을 선택해 만들면 됩니다.

공립법

달걀의 흰자와 노른자를 따로 분리하지 않고 함께 거품을 올리는 방법으로, 달걀을 60~65℃ 정도의 따뜻한 물로 중탕하여 달걀 온도가 34~37℃ 내외가 되면 설탕을 섞어 미리 녹인 뒤 거품을 올립니다. 이렇게 달걀을 중탕해서 만든 스펀지케이크는 스위스나 프랑스 등의 유럽 쪽에서 제누와즈라는 이름으로 불리고 있지요. 거품을 올리기 전에 중탕으로 달걀 온도를 높여주는 이유는 달걀 성분인 단백질의 신축성이 좋아지고 노른자 속의 지방이 부드러워져 거품이 더 빨리, 잘, 그리고 안정적으로 올라오면서 반죽의 팽창력이 극대화되어 좋은 볼륨과 균일하고 조밀한 거품들로 인해 입에서 살살 녹는 부드러운 케이크 식감이 만들어지기 때문입니다.

또한 대부분의 케이크는 밀가루보다 많은

양의 설탕을 사용하여 부드러운 식감을 만들어내는데, 이 많은 양의 설탕이 녹지 않은 채 알갱이 그대로 반죽에 남아 있는 채로 굽게 되면 그 부분이 오븐의 열로 인해 시럽화되어 케이크 식감을 축축하고 찐득하게 만드는 원인이 되거나 설탕이 녹으면서 생기는 불규칙한 구멍들로 인해 오히려 식감이 거칠어지기도 합니다. 그렇기 때문에 반드시 설탕은 따뜻하게 데운 달걀에 완전하게 녹여서 거품을 올려야 설탕의 보수성이 최대한 발휘되어 조직이 튼튼하면서도 식감이 부드럽고 촉촉한 케이크를 만들 수 있습니다.

그러나 공립법의 단점도 있는데요. 이 방법은 달걀의 노른자와 흰자를 분리하지 않고 함께 휘핑하기 때문에 매우 간편할 것 같지만, 중탕을 거치지 않으면 거품화에 시간이 오래 걸리고 거품이 안정적이지 못해 밀가루 같은 다른 재료를 섞는 과정에서 쉽게 달걀 거품이 꺼질 수 있습니다. 또한 초보자는 거품 입자를 균일하게 올리지 못해 식감을 거칠게 만드는 경우

가 종종 있으며, 거품이 매우 약해서 반죽을 짤주머니에 담아 사용할 경우 그 형태가 살아 있지 못하고 뭉그러지기 쉬우며, 중간에 잠시 다른 재료를 섞는 등 또 다른 과정을 거치는 경우에도 금방 거품이 꺼져서 볼륨 없는 부실한 케이크가 만들어지기 쉽습니다. 따라서 공립법은 빠른 손놀림과 다른 재료들을 잘 섞는 노하우가 많이 필요한 기법입니다.

별립법

달걀의 흰자와 노른자를 나눠 각각 거품을 올려서 섞는 방식인 별립법은 공립법에 비해 좀 더 안정된 상태의 거품을 만들 수 있습니다. 별립법의 경우 흰자 거품이 단단해서 거품이 꺼지기 쉬운 무거운 배합이나 복잡한 과정을 거쳐야 하는 케이크를 만들 때 매우 유용합니다. 또한 식감은 공립법으로 만든 케이크처럼 부드러우면서도 힘이 있어, 볼륨과 탄력이 좋은 케이크를 만들 수 있습니다.

별립법으로 케이크를 만들 때 가장 중요한 것은 흰자 거품, 즉 머랭을 올리는 과정인데, 머랭의 완성도에 따라 케이크의 볼륨과 식감이 결정된다고 해도 과언이 아닐 만큼 중요한 과정입니다.

이때 기억해야 할 것이 있는데요. 단순히 생각할 때는 달걀흰자를 휘핑하여 머랭을 단단하고 뻣뻣하게 만들면 거품이 쉽게 꺼지지 않아 케이크의 볼륨도 그만큼 안정적이고 커질 것 같지만, 오히려 머랭의 과도한 휘핑은 케이크를 망치는 결과를 가져옵니다. 머랭을 지나치게 휘핑하여 뻣뻣한 상태가 되면 나중에 반죽에 머랭을 섞을 때 너무 많이 휘젓다 오버 믹싱하게 되고, 그 순간 머랭은 탄력을 잃어 다른 재료와 잘 합치지 못한 채 몽글몽글한 덩어리로 분리되며, 그로 인해 반죽 내부가 안정적이지 못해 부풀어 오르는 힘이 떨어지고 수분이 많이 생겨 반죽이 결국 물처럼 풀어지기도 합니다.

달걀흰자는 단단한 거품이 쉽게 만들어지지만, 그만큼 쉽게 꺼지기도 하기 때문에 항상 반죽 과정에서 맨 나중에 거품을 올려 즉시 반죽에 섞어야 합니다. 노른자 거품은 쉽게 꺼지지 않는 반면 흰자 거품은 만든 즉시 사용하지 않으면 서로 뭉치면서 수분이 빠져나와 마른 거품과 물로 분리될 수 있으니, 별립법으로 케이크를 만들 때는 노른자 거품을 먼저 올려서 밀가루나 기타 재료들과 섞어 반죽을 만들어두고, 맨 마지막 과정으로 머랭을 올려 노른자 반죽에 바로 섞어서 반죽

을 마무리해야 합니다. 또한 별립법으로 케이크를 만들 경우 공립법에 비해 재료들끼리 골고루 혼합되지 않는 경우가 종종 생기며, 완성된 케이크가 공립법으로 만든 케이크에 비해 쉽게 건조해지는 단점이 있으니, 보관할 때도 각별한 주의가 필요합니다.

* 각 기법에 해당하는 베이식 레시피들을 정독하세요! 공립법과 별립법으로 만드는 방법과 중요한 팁이 자세히 설명되어 있으니 정독해서 거품형 케이크 완전 정복에 도전하세요.

바닐라스펀지케이크
Vanilla Sponge Cake

공립법은 거품형 케이크를 만들 때 달걀의 흰자와 노른자를 함께 섞어
거품을 올리는 방법입니다. 거품형 케이크 중 가장 기본이 되는 것이 제누와즈라고도 불리는
스펀지케이크입니다. 다양한 데커레이션 케이크의 기본 시트로 가장 많이 활용되는 케이크이지요.
스펀지케이크의 성공 여부는 달걀이 얼마나 균형 있게 잘 배합되었는지,
거품을 얼마나 잘 올렸는지, 또 거품이 얼마나 오랫동안 유지된 채 구워지는지에 달렸는데요.
그 결과에 따라 스펀지케이크의 맛과 풍미가 확연하게 달라지기 때문입니다.
케이크를 만들기 전에 과정 하나하나를 자세히 읽어보세요. 특히 Tip 부분에는 케이크 만들기 비법과
주의사항이 담겨 있으니 꼼꼼하게 챙겨보며 체크해두십시오.

Recipe

지름 18×높이 5cm
원형 틀 1개 분량
180℃ | 20~25분

박력분 ······················· 90g

달걀 ························· 3개
설탕 ······················· 110g
소금 ··························· 1g

무염버터 녹인 것 ········· 20g
바닐라엑스트랙 ············· 5g

* 이 책에 사용된 모든 달걀의 무게는
1개당 50~55g이다.
* 달걀은 실온에 둔다.
* 오븐은 180℃로 예열한다.
* 믹싱볼이 들어갈 넓은 그릇에 따뜻
한 물을 담아 준비한다.
* 박력분 대신 중력분을 사용할 수
있다.
* 무염버터 녹인 것 대신 포도씨유를
사용할 수 있다.

1

모든 재료는 전자저울을 사용하여 정확하게 계량한다.

2

원형 틀에 유산지를 깐다. 보통 스펀지케이크류는 달걀 거품을 올려 식감을 만드는데, 반죽이 직접 뜨거운 팬에 닿으면 굽는 동안 수분을 많이 빼앗겨 뻣뻣해지기 때문에 케이크틀과 반죽이 직접 닿지 않도록 반드시 유산지를 깔아야 한다.

3

밀가루는 체에 두세 번 친다. 밀가루는 공기 중의 수분을 흡수하는 성질이 있기 때문에 보관하던 밀가루를 그대로 사용하면 반죽 속에 딱딱한 덩어리가 생길 수 있다. 덩어리를 풀기 위해 과도하게 반죽을 섞다 보면 오버 믹싱되어 달걀 거품이 꺼지는 원인이 될 뿐만 아니라 글루텐이 형성되어 질기고 단단한 케이크가 될 수 있으니 반드시 고운체에 쳐서 사용하도록 한다.

4

버터는 나중에 달걀 거품 반죽을 덜어서 섞어야 하므로 처음부터 조금 큰 그릇에 담아 미리 녹여서 미지근한 액체 상태로 준비한다. 지나치게 뜨겁거나 반대로 차갑게 식어 군데군데 굳은 덩어리가 있는 상태로 섞으면 구웠을 때 그 부분이 떡 진 것 같이 축축해질 수 있으니 주의한다.

5

믹싱볼에 달걀을 넣고 알끈을 제거한 뒤 흰자와 노른자가 완전하게 풀어지도록 거품기로 잘 섞는다.

6

잘 풀어진 달걀에 설탕과 소금을 넣고 거품기로 골고루 섞는다.

7

60~65℃ 정도의 따뜻한 물을 담은 넓은 그릇에 ⑥의 믹싱볼을 담근 채 거품기로 저어 설탕을 완전히 녹인다. 이때 물이 뜨거우면 달걀이 익을 수 있으니 주의한다. 손가락으로 달걀을 찍어서 문질렀을 때 설탕 알갱이가 느껴지지 않을 때까지 거품기로 저어 완전하게 녹인다. 이때의 달걀의 온도는 대략 34~37℃ 정도 된다.

8

설탕이 완전히 녹으면 핸드믹서나 스탠드믹서를 사용해서 거품을 올린다. 처음부터 고속으로 거품을 올리면 거품 입자가 불규칙하고 크기가 커져서 케이크 식감이 거칠어질 수 있으니 시간이 걸리더라도 너무 빠르지않은 중속 정도에서 천천히 거품을 올리도록 한다.

9

달걀 거품의 볼륨이 풍성해지면서 연한 미색이 될 때까지 거품을 올린다.

10

달걀 거품의 상태를 중간 중간 확인하면서 거품을 올린다.

11

달걀 거품의 묽기가 점점 되직해지면서 볼륨이 커지고 색이 베이지색에 가까울 만큼 연해질 때까지 계속 거품을 올린다.

12

거품기를 들어 달걀 거품을 떨어뜨렸을 때 떨어진 자국이 없어지지 않고 3초 이상 유지되며, 반죽이 물처럼 흐르지 않고 리본처럼 얇고 납작한 형태가 되어 지그재그로 떨어지는 모양이 될 때까지 거품을 올린다.

13

거품이 다 올라오면 핸드믹서나 스탠드 믹서의 속도를 최저로 낮춰서 3분 이상, 거품 입자가 잘고 조밀하며 전체적으로 아주 곱고 균일한 형태가 되도록 조금 더 믹싱한다.

14

완성된 달걀 거품 상태를 확인해본다. 거품기를 들어서 거품을 떨어뜨렸을 때 좀 더 얇고 균일한 두께의 달걀 거품이 되직하게 떨어지는 것이 보이며, 떨어진 반죽이 사라지지 않고 그 자리에 차곡차곡 쌓인 형태로 남아 있으면 된다. 또한 달걀 거품 전체 입자가 아주 균일하여 크고, 작은 거품들이 보이지 않아 아주 깨끗하고 고운 것을 확인할 수 있다.

15

달걀 거품이 담긴 믹싱볼에 스패츌러를 넣고 체에 친 밀가루를 반 정도 넣는다. 스패츌러를 반죽과 함께 들어 올리면서 좌우로 흔들어 밀가루가 달걀 거품 전체로 흩어지게 한 뒤 믹싱볼 옆면을 긁으면서 바닥으로 내려오고, 다시 바닥을 긁으면서 바닥에 있는 반죽을 위로 퍼 올리듯 들어 올리는 동작을 두세 번 정도 한다.

16

다시 반죽에 넣은 스패츌러 위로 체에 친 나머지 밀가루를 넣은 뒤 스패츌러를 들어 올리면서 좌우로 흔들어 밀가루가 넓게 흩어지도록 한다. 스패츌러로 믹싱볼 옆면을 깨끗이 긁으면서 바닥으로 내려간 뒤 바닥을 긁어서 거품을 위로 퍼 올리는 동작을 반복하며 밀가루를 섞는다.

17

바닥의 달걀 거품을 위로 퍼 올리면서 날가루가 보일 때마다 스패츌러를 좌우로 흔들어 밀가루가 넓게 흩어져 섞이도록 한다. 이때 반죽을 이리저리 휘저으며 짓이기듯 과도하게 밀가루를 혼합하면 달걀 거품이 죽을 뿐 아니라 글루텐이 형성되어 케이크가 단단하고 질겨지니, 오버 믹싱하지 않도록 주의한다.

18

스패츌러를 세워서 믹싱볼 옆면과 바닥을 깨끗이 긁는 느낌으로 섞다가 밀가루가 대충 섞이면 스패츌러로 바닥을 구석구석 긁어가며 날가루가 남아 있는지를 확인하고 옆면을 최대한 깨끗이 긁어서 반죽을 균일하게 정리한다.

19

녹여서 미지근하게 식힌 ④의 버터에 달 걀 반죽인 ⑱을 조금 덜어 넣고 골고루 섞는다. 이때 넣는 반죽 양은 대략 버터 의 4~5배 정도 분량이 적당하다. 반죽을 섞을 때는 달걀 거품에 밀가루를 섞을 때 처럼 거품이 죽지 않도록 빠른 속도로 섞 는다. 버터가 대충 섞이면 바닐라엑스트 랙을 함께 넣고 섞는다.

20

⑲의 액체 반죽을 본 반죽에 넣고 골고루 섞는다. 밀가루를 섞을 때와 같은 방법으 로 짧은 시간 내에 반죽을 바닥에서 위로 퍼 올리는 동작을 반복하면서 섞는다. 반 죽 색과 농도가 균일해지면 믹싱볼 옆면 을 깨끗이 긁어 반죽을 정리한다. 이 과 정에서 오버 믹싱하면 달걀 거품이 꺼져 반죽을 망칠 수 있으니 최대한 빠른 시간 내에 큰 동작으로 섞는다.

21

미리 유산지를 깔아서 준비한 원형 틀에 반죽을 20cm 높이에서 붓는다. 가는 나 무 꼬치나 젓가락을 사용해 반죽을 바깥 쪽에서 안쪽으로 빙글빙글 동그라미를 그 리듯 저은 뒤 틀을 바닥에 두세 번 탁탁 내리쳐서 거품들을 균일하게 정리한다.

22

180℃로 20분 이상 충분히 예열한 오븐에 반죽이 담긴 원형 틀을 넣고 20~25분 내 외로 굽는다. 윗면이 익어 고른 황금빛이 나면 가는 나무 꼬치나 젓가락으로 한가 운데를 바닥까지 찔러 익은 정도를 확인 한다. 반죽은 한가운데의 바닥이 가장 늦 게 익기 때문에 그 부분을 찔러서 반죽이 묻어나지 않고 깨끗하면 다 익은 것이다.

23

케이크를 오븐에서 꺼낸 뒤 꼬치로 찔러 익은 정도를 확인하고 낮은 높이에서 바 닥에 살짝 떨어뜨려 케이크에 충격을 준 다음 바로 종이호일을 깐 도마나 식힘망 위에 뒤집어서 식힌다.

× × × × × × × × × × × × × ×

Tip

다 구워진 스펀지케이크는 틀에 붙어 있는 부분과 다른 부분의 식는 속도가 다른데, 틀 에 붙어 있는 부분은 틀에 남아 있는 열로 인 해 과도한 수축이 일어나고 수분이 과하게 날아간다. 따라서 반드시 오븐에서 꺼낸 직 후 케이크를 바로 틀에서 분리해야 전체가 골고루 식어 어느 한쪽이 수축되는 것을 방 지할 수 있다. 단, 유산지는 완전히 식은 뒤 떼야 깨끗하게 떨어지는 것은 물론 케이크 의 수분이 날아가는 것을 지연시키는 역할 을 하니, 구운 뒤 바로 떼어내지 말고 완전히 식으면 떼어낸다.

XXX

Tip

1 밀가루를 체에 치면 공기를 품어 가벼워져서 케이크의 식감이 폭신해지며, 다른 가루류를 섞을 때 서로 잘 섞이게 돼요. 체에 치는 시기는 케이크를 만들기 직전이 적당하며, 체에 친 뒤 달걀 거품과 섞기 전까지 다시 뭉치지 않게 해야 합니다.

2 스펀지케이크 만들기에서 가장 중요한 것은 달걀과 설탕을 섞어 거품을 올리는 과정입니다. 달걀 거품의 완성도에 따라 최종 결과물인 케이크의 볼륨과 식감이 결정되기 때문에 균일하고 고운 거품을 안정적으로 만드는 것이 부드러운 스펀지케이크의 성공 여부를 좌우하지요. 따라서 달걀 거품 올리는 부분을 완벽하게 이해하면 부드럽고 폭신한 스펀지케이크를 쉽게 만들 수 있습니다.

3 달걀에 설탕을 섞고 나서 거품을 올리기 전 60~65℃ 정도의 따뜻한 물로 중탕하여 설탕 입자를 완전히 녹이세요. 중탕으로 달걀 온도를 34~37℃ 정도까지 높여주면 설탕이 완전하게 녹는 것은 물론, 달걀 성분인 단백질의 신축성이 좋아지고 달걀노른자 속의 지방분이 부드러워져 거품이 더 빨리, 안정적으로 만들어지며, 팽창력이 좋아져 볼륨 있고 부드러운 케이크가 됩니다. 또한 대부분의 케이크는 밀가루보다 많은 양의 설탕을 사용하여 식감을 부드럽게 만드는데, 달걀 거품 올리는 과정에서 설탕이 완전하게 녹지 않은 채 알갱이로 남아 있다가 오븐 안에서 그대로 구워지면 그 부분이 녹으면서 시럽 형태로 되어 축축한 케이크 결이 만들어지거나 큰 구멍이 생기기도 합니다. 이 모든 결과들은 결국 케이크의 구조를 무너뜨려 완성된 케이크가 푹 꺼지거나 떡 지듯 축축한 식감을 지니는 원인이 되지요. 설탕을 완전히 녹여서 거품을 올리는 것이 부드럽고 폭신한 스펀지케이크의 성공 비결임을 기억하세요.

4 달걀 거품 올릴 때 사용하는 핸드믹서나 스탠드믹서는 너무 빠르지 않은 속도로 맞춰야 합니다. 고속으로 거품을 올리면 거품 입자가 불규칙해지고, 입자 자체가 커서 식감이 부드러운 케이크를 만드는 것을 방해하므로, 시간이 걸리더라도 너무 빠르지 않은 중속 정도로 거품을 올리세요. 거품이 완전하게 올라오면 이번에는 속도를 최저로 낮춘 뒤 달걀을 조금 더 휘핑해 거품 입자를 자잘하고 균일하게 만드세요. 그래야 비로소 부드럽고 결이 포근한 케이크가 완성됩니다. 거품이 불규칙한 데다 큰 거품까지 섞여 있으면 이 때문에 케이크의 구조가 부실해져서 굽는 도중 푹 꺼지거나 다 구운 뒤 꺼지기도 합니다. 다시 말하지만 달걀 거품 입자가 균일하고 자잘해야 케이크 구조가 튼튼하고 폭신해진답니다.

5 달걀 거품에 밀가루를 섞을 때는 한꺼번에 넣지 말고 몇 번에 나눠 넣으세요. 밀가루는 달걀 거품보다 무겁기 때문에 한꺼번에 쏟아 넣으면 밑으로 가라앉으면서 덩어리로 뭉쳐 거품에 섞이지요. 이것은 케이크를 구웠을 때 날가루가 그대로 박혀 있는 원인이 됩니다. 또한 뭉친 밀가루를 섞으려다 보면 대부분 오버 믹싱하기 때문에 달걀 거품이 많이 꺼져 케이크가 떡이 지지요. 밀가루를 달걀 거품에 넣고 가라앉기 전에 스패츌러를 사용해 재빨리 흩어가며 반죽에 섞어서 거품이 꺼지는 것을 방지하세요.

6 버터나 우유 등 수분이 포함된 재료는 반죽에 직접 넣지 말고 달걀 반죽 일부를 덜어 먼저 섞은 뒤 본 반죽에 넣고 섞으세요. 대부분의 액체는 달걀 거품보다 무겁기 때문에 바로 반죽에 넣으면 밑으로 가라앉아 골고루 섞이지 않는 경우가 생깁니다. 특히 유지류(버터나 오일류)는 달걀 거품인 수분과 잘 안 섞이는 것은 물론 달걀 거품을 꺼지게 하는 역할을 하기 때문에 달걀 거품 중 일부를 미리 덜어서 섞은 뒤 본 달걀 거품에 섞는 것이 안정적이지요.

7 굽기 전 반죽을 케이크틀에 패닝한 뒤 가는 나무 꼬치나 젓가락으로 저어주는 과정을 거쳐야 합니다. 그 이유는 반죽 속에 혹시 있을지도 모르는 큰 거품들을 터트려 고른 반죽 결이 되도록 하는 것과 유지 같은 재료를 섞었을 경우 그 재료들이 반죽 속에 섞이지 못한 채 반죽 가운데 부분으로 몰려 겉도는 것을 방지하여 반죽 전체에 골고루 흩어지게 하기 위해서입니다. 또한 낮은 높이에서 반죽이 든 틀째 떨어뜨리는 이유는 반죽 표면으로 올라온 불규칙한 거품들을 터트려 고른 케이크 결을 만들기 위해서고요. 이 과정들은 반드시 거쳐야 하는 부분입니다.

8 오븐에서 굽는 시간은 사용하는 오븐의 화력에 따라서, 케이크틀의 재질에 따라서 차이가 생깁니다. 스테인리스나 알루미늄 재질의 일반 틀을 사용할 경우에는 열전달이 빨라 수분 증발이 많은 만큼 이 점을 감안해서 오븐 온도와 굽는 시간 관리를 잘해야 수분이 적당히 남아 있는 촉촉한 케이크를 만들 수 있습니다. 케이크가 익었는지 여부는 가는 나무 꼬치나 젓가락으로 테스트하여 확인하세요. 케이크는 열전달이 가장 늦은 한가운데 바닥 부분의 반죽이 가장 늦게 익는 만큼, 반죽 한가운데를 바닥까지 찔러 반죽이 묻어나는지를 확인하면 됩니다. 적절한 시간 내에 굽고, 완성된 케이크를 테스트해서 물기 있는 반죽이 묻어나면 시간을 조금 더 연장해 구우세요. 덜 구운 채로 오븐에서 꺼내면 덜 익은 반죽이 몰려 있는 가운데 부분이 주저앉고 축축해지면서 떡이 지는 현상이 생깁니다.

9 높이가 있는 케이크를 구웠을 경우, 케이크를 오븐에서 꺼내자마자 바로 뒤집어서 식히도록 하세요. 뜨거운 상태의 케이크를 오븐에서 꺼내면 온도가 급격하게 떨어지고 케이크 내부의 팽창된 열기가 빠져나가면서 부풀어 올랐던 케이크가 꺼지는 현상이 생깁니다. 이때 오븐에서 꺼낸 케이크를 바로 뒤집어서 식히면 수분이 많이 증발되는 것을 감소시켜 케이크 내의 수분 잔류량이 많아지고 좀 더 촉촉한 식감을 살릴 수 있어요.

10 뜨거운 상태의 빵이나 케이크 등을 오븐에서 꺼내면 바깥과의 급격한 온도차로 인해 모양이 일그러지거나 주저앉는 현상인 케이브 인(Cave-in)이 나타납니다. 이것을 방지하려면 오븐에서 꺼낸 뜨거운 빵이나 케이크를 틀째 즉시 낮은 높이에서 바닥에 떨어뜨려 충격을 주세요. 이 방법은 특히 반죽 내에 공기를 품어 볼륨을 형성하고 있는 케이크류에 아주 좋은 효과를 나타내지요.

11 완성된 케이크는 식혀서 바로 랩이나 밀폐용기에 넣어 하루 이상 숙성시킨 뒤에 먹으세요. 갓 구운 케이크는 단맛이 강해 케이크 특유의 풍미가 느껴지지 않지만, 하루 정도 지나면 단맛이 사그라지면서 숙성되어 고유의 맛과 질감이 살아나고 식감이 촉촉하고 부드러워요. 케이크류는 보통 냉장 보관하는 것이 좋으며, 냉장고 냄새가 배지 않게 비닐이나 밀폐용기에 담아 세심하게 보관해야 합니다.

생크림케이크
Fresh Cream Cake

사랑하는 가족들의 생일 케이크를 직접 만들어보세요. 이보다 더 행복하고 뿌듯한 일
이 있을까요? 생크림케이크는 가장 즐겁게 만들 수 있는 홈베이킹인데요. 장식에 손이
많이 가서 번거롭지만, 가족을 생각하며 정말 특별한 정성으로 만들게 되는 케이크랍
니다. 공립법이나 별립법으로 만든 기본 스펀지케이크 시트에 좋아하는 계절 과일을
올려 심플하게 장식하세요. 받은 사람들이 정말 행복해한답니다.

지름 18cm 원형 스펀지케이크
1개 분량

시트
바닐라스펀지케이크

생크림(휘핑크림)	400g
다크럼	15g
레몬즙	10g
설탕	30~40g
딸기	20~30개
바닐라럼시럽	적당량
초록 잎사귀	조금

* 시럽은 미리 만들어서 식힌다.(시럽 만드는 법 p.119 참고)
* 스펀지케이크는 미리 구워서 식힌다.
* 생크림은 설탕과 럼, 레몬즙을 넣고 휘핑해서 냉장고에 차갑게 보관한다.(생크림 만드는 법 p.116 참고)

1
딸기는 깨끗이 씻어서 꼭지를 따고 물기를 제거한다. 케이크 시트 사이에 들어갈 것은 얇게 슬라이스한다.

2
바닐라스펀지케이크를 똑같은 두께로 3등분한다.

3
케이크 돌림판 위에 접시를 얹고 케이크 시트 1장을 올린 뒤 붓에 시럽을 발라 시트 윗면이 촉촉해지도록 듬뿍 바른다.

4
생크림을 적당하게 시트 위에 얹고 돌림판을 돌려가면서 균일한 두께로 바른다.

5
생크림 위에 슬라이스한 딸기를 적당한 간격으로 올린다.

6
적당량의 생크림을 ⑤ 위에 올린다.

7
생크림으로 딸기를 얇게 덮는다.

8
생크림 위에 케이크 시트 1장을 올린다.

9
케이크 시트에 시럽과 생크림을 바르고 딸기를 얹는 과정을 반복해서 케이크 시트를 모두 올린다.

10

맨 위의 케이크 시트에 전체적으로 생크림을 바른 뒤 냉장고에 잠시 넣어 단단하게 굳힌다. 이 과정을 거치면 그냥 아이싱을 했을 때보다 아이싱이 좀 더 깔끔하다.

11

냉장고에 잠시 넣었던 케이크를 꺼내 생크림을 윗면에 올리고 고루 바른다.

12

돌림판을 돌려가며 넓적한 스패출러로 생크림을 문질러 케이크 윗면에 골고루 바른다.

13

케이크 윗면이 대충 정리되면 스패출러로 생크림을 찍어서 균일한 두께로 케이크 옆면에 골고루 바른다.

14

실리콘 스크래퍼를 사용해서 전체적으로 생크림을 깔끔하게 정리한다. 스크래퍼를 고정시킨 채 케이크 돌림판을 돌리면 굴곡 없이 정리된다.

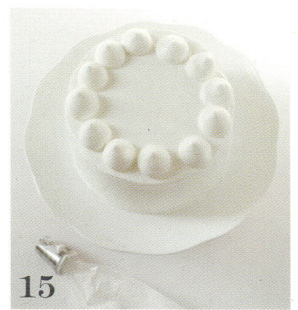

15

지름 2.5cm 원형 깍지를 끼운 짤주머니에 생크림을 넣고 잘 정리된 케이크 위에 적당한 간격을 유지하면서 물방울 모양으로 생크림을 짠다.

16

딸기와 초록 잎사귀로 케이크 윗면을 장식한 뒤 생크림이 마르지 않도록 케이크 전용 상자나 통에 넣어 냉장 보관한다.

× ×

Tip

1 케이크 장식에는 좋아하는 생과일이나 여러 가지 과일이 믹스된 통조림 과일을 사용하세요. 모든 필링용 과일은 반드시 물기를 확실하게 제거하고 사용해야 생크림이 녹아내리지 않아요.

2 천연 동물성 지방인 생크림이나 휘핑크림을 아이싱으로 사용하면 원료나 맛은 좋지만 쉽게 녹아내리고 모양 잡기가 어려운 단점이 있습니다. 반면 가공 크림인 식물성 휘핑크림은 잘 녹아내리지 않아 데커레이션하기 수월하지만, 천연 동물성 지방인 생크림에 비해 맛이 떨어지고 합성첨가물이 포함되어 있습니다. 장식용 크림은 만드는 사람의 기호에 맞게 선택해서 사용하되, 천연 동물성 지방인 생크림을 사용할 경우에는 번거롭더라도 중간 중간 냉장고에 케이크를 넣어 크림을 굳혀가며 데커레이션해야 깔끔합니다. 특히 더운 계절에는 크림이 녹아내리기 때문에 세심한 주의가 필요하지요.

초콜릿스펀지케이크
Chocolate Sponge Cake

초콜릿스펀지케이크는 아이들이 특히 좋아해서 바닐라스펀지케이크와 함께 가장 많이 만드는 케이크인데요. 생일 케이크나 선물용으로 가장 활용도가 높고 그만큼 맛도 보장되기 때문에 홈베이커라면 기본적으로 잘 만들어야 하는 케이크가 아닐까 합니다. 코코아파우더는 지방 성분이 들어 있기 때문에 밀가루보다 달걀 거품에 잘 안 섞이는 경향이 있어요. 따라서 달걀 거품이 꺼지지 않게 잘 반죽하는 것이 포인트랍니다.

지름 18cm 원형 틀 1개 분량
180℃ | 20〜25분

박력분	70g
무가당 코코아파우더	10g
달걀	3개
설탕	90g
소금	1g
무염버터 녹인 것	25g
우유	15g
바닐라엑스트랙	5g

* 달걀은 실온에 둔다.
* 오븐은 180℃로 예열한다.
* 믹싱볼이 들어갈 넓은 그릇에 따뜻한 물을 담아 준비한다.
* 사용할 원형 틀에 유산지를 깐다.
* 박력분 대신 중력분을 사용할 수 있다.
* 무염버터 녹인 것 대신 포도씨유를 사용할 수 있다.

1 모든 재료는 전자저울을 사용하여 정확하게 계량한다. 밀가루와 코코아파우더는 체에 세 번 정도 친다. 버터는 녹여서 액체 상태로 만들어 미지근하게 식힌 다음 우유와 섞는다. 달걀은 알끈을 제거해서 넓은 믹싱볼에 넣는다.

2 믹싱볼에 달걀과 설탕, 소금을 넣고 거품기로 골고루 섞은 뒤 따뜻한 물을 담은 넓은 그릇에 넣고 거품기로 저으면서 설탕을 완전히 녹인다. 손가락에 달걀물을 찍어서 문질렀을 때 설탕 알갱이가 느껴지지 않을 정도까지 거품기로 젓는다.

3 설탕이 다 녹으면 거품기를 들어 달걀 거품을 떨어뜨렸을 때 떨어진 자국이 없어지지 않고 그 모양을 유지할 때까지 단단하게 거품을 올린다. 마지막에 믹서를 저속으로 2〜3분 정도 더 돌려서 아주 곱고 균일한 거품을 만든다.

4 가루류를 달걀 거품에 섞는다. 스패출러를 반죽과 함께 들어 올리면서 좌우로 흔들어 가루가 달걀 거품 전체로 흩어지게 한다. 스패출러로 믹싱볼 옆면을 긁으면서 바닥으로 내려온 뒤 바닥을 긁으면서 반죽을 위쪽으로 퍼 올리는 동작을 반복하되, 달걀 거품이 꺼지지 않도록 재빨리 섞는다.

5 녹인 버터와 우유 섞인 것이 담긴 볼에 ④의 반죽을 조금 덜어 넣고 골고루 섞는다. 달걀 거품이 꺼지지 않도록 반죽을 퍼 올리듯 섞은 뒤 바닐라엑스트랙을 넣어 함께 섞는다.

6 ⑤의 반죽을 본 반죽에 넣고 섞는다. 가루류를 섞을 때처럼 반죽을 바닥에서 위로 퍼 올리는 동작을 반복하면서 섞는다. 믹싱볼 옆면을 깨끗이 긁어 겉도는 반죽이 없도록 골고루 섞는다.

7 유산지를 간 원형 틀에 반죽을 패닝하고 바깥쪽에서 안쪽으로 빙글빙글 동그라미를 그리듯이 휘저은 뒤 팬을 바닥에 두세 번 탁탁 내리쳐서 거품들을 균일하게 정리한다. 180℃로 20분 이상 충분히 예열한 오븐에서 20〜25분 정도 굽는다.

×××

Tip

1 코코아파우더는 지방 성분이 들어 있어 밀가루에 비해 수분 형태인 달걀 거품에 잘 섞이지 않고 뭉침 현상이 발생하기 쉬운데요. 그래서 코코아파우더가 들어가면 종종 반죽을 오버 믹싱하게 되지요. 가루를 섞을 때 달걀 거품을 이리저리 휘저으면서 짓이기듯 과도하게 섞으면 달걀 거품이 꺼질 뿐 아니라 글루텐이 형성되어 케이크가 단단하고 질겨져 납작하게 떡이 진 듯한, 케이크의 생명인 폭신한 식감이 전혀 없는 케이크가 됩니다. 최대한 빠른 시간 내에 스패출러로 가루들을 흩으면서 국을 푸듯 믹싱볼 바닥에 있는 반죽을 위쪽으로 퍼 올리며 섞고, 믹싱볼 옆면을 깨끗이 긁으면서 섞되, 뭉친 밀가루가 없는지 꼼꼼하게 확인하는 작업이 필요합니다. 이때 사용하는 코코아파우더는 반드시 아무것도 섞이지 않은 100% 무가당 제품을 사용하세요.

2 케이크 만들기는 모든 과정에 많은 경험을 통한 숙련된 손놀림이 필요한 분야인 만큼, 손에 익을 때까지 자주 만들면서 자신의 실패 요인을 찾는 것이 성공의 지름길입니다. 실패하더라도 많이 만들어봐야 좋은 결과물을 금방 얻을 수 있지요.

모카스펀지케이크
Mocha Sponge Cake

부드러운 모카케이크는 입안 가득 퍼지는 은은한 커피 향이 중독성을 갖게 하는 케이크랍니다. 깊은 사각 틀에 구웠다가 잘라서 포장하면 선물용으로 참 근사하지요. 생크림으로 장식해도 맛있지만, 장식 없이 심플하게 만들어도 질리지 않고 한없이 먹게 되는 진하고 부드러운 케이크랍니다. 저에게는 언제나 베스트 케이크예요.

15×15×7cm 정사각 틀 1개 분량
180℃ | 25~30분

박력분 ·················· 90g

달걀 ··················· 3개
설탕 ··················· 110g
소금 ··················· 1g

무염버터 녹인 것 ··········· 30g
우유 ··················· 15g
인스턴트커피 ············· 5g
바닐라엑스트랙 ··········· 5g

* 달걀은 실온에 둔다.
* 오븐은 180℃로 예열한다.
* 믹싱볼이 들어갈 넓은 그릇에 따뜻한 물을 담아 준비한다.
* 박력분 대신 중력분을 사용할 수 있다.
* 무염버터 녹인 것 대신 포도씨유를 사용할 수 있다.

Process

1
모든 재료는 전자저울을 사용하여 정확하게 계량한다. 밀가루는 체에 두세 번 정도 친다. 미지근하게 데운 우유에 인스턴트커피를 완전하게 녹이고, 버터는 녹여서 미지근하게 식힌다. 커피우유액과 녹인 버터를 섞는다. 달걀은 알끈을 제거해서 믹싱볼에 넣는다.

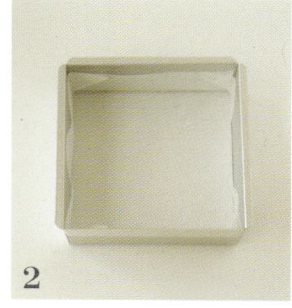

2
사각 틀에 유산지를 깐다.

3
믹싱볼에 달걀과 설탕, 소금을 넣고 거품기로 골고루 섞는다.

4
설탕이 골고루 섞이면 60~65℃ 정도의 따뜻한 물을 담은 넓은 그릇 안에 믹싱볼을 담근 채 중탕으로 설탕을 녹인다. 설탕 알갱이가 느껴지지 않을 정도까지 거품기로 저어 설탕을 녹인다.

5
설탕이 완전히 녹으면 핸드믹서나 스탠드믹서를 사용해 본격적으로 거품을 올린다. 달걀 거품을 떨어뜨렸을 때 자국이 없어지지 않고 3초 이상 유지되면 속도를 최저로 낮추고 2~3분 정도 더 돌려 입자가 곱고 균일한 거품이 되도록 정리한다.

6
달걀 거품에 가루류를 섞는다. 스패츌러로 믹싱볼 옆면을 긁으면서 바닥으로 내려갔다가 바닥의 반죽을 위쪽으로 퍼 올리는 동작을 반복하면서 골고루 섞는다.

7

믹싱볼 바닥면에 날가루가 있는지 확인하면서 겉도는 반죽이 없도록 골고루 섞는다.

8

①의 커피우유액과 녹인 버터 섞은 것에 ⑦의 반죽을 조금 덜어 넣고 섞는다. 달걀 거품이 꺼지지 않도록 반죽을 퍼 올리듯 섞다가 대충 섞이면 바닐라엑스트랙을 넣어 골고루 섞는다.

9

⑧의 액체 반죽을 본 반죽에 넣고 섞는다. 스패츌러로 믹싱볼 옆면을 깨끗이 긁으면서 바닥으로 내려갔다가 바닥의 반죽을 위로 퍼 올리는 동작을 반복한다.

10

액체 반죽이 본 반죽보다 무겁기 때문에 반죽을 섞었을 때 대부분 바닥 쪽으로 쏠리니 그 점을 감안해서 믹싱볼 바닥의 반죽을 위로 퍼 올리며 골고루 섞는다.

11

유산지를 깐 사각 틀에 반죽을 패닝하고 저은 뒤 틀을 바닥에 두세 번 탁탁 내리쳐서 거품들을 균일하게 정리한다. 180℃로 20분 이상 충분히 예열한 오븐에서 25~30분 정도 굽는다.

× ×

Tip

1 밀가루는 달걀 거품보다 무겁기 때문에 가루를 넣으면 점점 바닥으로 가라앉아요. 그 점을 감안해서 반죽을 흩뿌리듯 넣고 빠른 동작으로 가루가 가라앉기 전에 달걀 거품에 섞어야 뭉침 없이 골고루 섞입니다. 반죽을 바닥까지 긁으면서 섞지 않으면 바닥 쪽에 밀가루가 뭉치게 되니 반드시 스패츌러로 바닥을 긁으면서 섞으세요.

2 이 모카케이크는 18cm 원형 틀보다 사이즈는 조금 작지만 높이가 높기 때문에 일반 스펀지케이크보다

조금 더 구워야 속까지 잘 익어요. 조금 넓은 틀에 낮은 높이로 구울 경우는 굽는 시간을 줄이세요. 지름 18×높이 5cm 원형 틀에 구울 경우 20~25분 정도면 적당합니다.

3 케이크류는 구워서 한 김 식힌 뒤 밀봉해서 하루 정도 숙성시켜 먹어야 맛있어요. 오븐에서 바로 구운 케이크는 단맛만 나지만, 시간이 지나 숙성되면 케이크 고유의 맛과 향기가 살아나 부드럽고 풍미 좋은 케이크를 맛볼 수 있습니다.

아몬드스펀지케이크
Almond Sponge Cake

촉촉하고 고소한 스펀지케이크예요. 아몬드파우더는 케이크에 고소함을 더하고 식감을 촉촉하게
만드는 역할을 하는데, 입자가 조금 거칠기 때문에 먹을 때 부드러운 식감 중에 언뜻언뜻 질감이
느껴져요. 그래도 진하고 고소한 풍미가 좋아 자주 굽는 케이크 중 하나랍니다. 슬라이스아몬드
를 케이크틀에 깔고 구우면 특별한 데커레이션 없이도 아주 고급스러운 케이크가 됩니다.

지름 18cm 원형 틀 1개 분량
180℃ | 20~25분

박력분 ························· 70g
아몬드파우더 ················ 20g

달걀 ··························· 3개
설탕 ··························· 90g
소금 ··························· 1g

무염버터 녹인 것 ············ 25g
우유 ··························· 10g
바닐라엑스트랙 ·············· 5g

슬라이스아몬드 ··········· 적당량

* 달걀은 실온에 둔다.
* 오븐은 180℃로 예열한다.
* 믹싱볼이 들어갈 넓은 그릇에 따뜻한 물을 담아 준비한다.
* 박력분 대신 중력분을 사용할 수 있다.
* 무염버터 녹인 것 대신 포도씨유를 사용할 수 있다.

Process

1
모든 재료는 전자저울을 사용하여 정확하게 계량한다. 밀가루와 아몬드파우더는 체에 두세 번 정도 친다. 버터는 녹여서 우유와 섞어 미지근하게 식히고, 달걀은 알끈을 제거해서 믹싱볼에 넣는다.

2
슬라이스아몬드를 준비한다. 껍질째 슬라이스한 갈색 아몬드와 껍질을 까서 하얗게 슬라이스한 백색 아몬드 중 어느 것이라도 좋다.

3
원형 틀에 유산지를 깐 뒤 바닥에 슬라이스아몬드를 골고루 뿌린다.

4
믹싱볼에 달걀과 설탕, 소금을 넣고 60~65℃ 정도의 물에 중탕하여 설탕을 녹인다.

5
설탕이 완전히 녹으면 핸드믹서나 스탠드믹서를 사용해서 달걀 거품 볼륨이 풍성해지면서 연한 미색이 될 때까지 거품을 올린다. 거품기를 들어 달걀 거품을 떨어뜨렸을 때 떨어진 자국이 없어지지 않고 3초 이상 유지되면 적당한 것이다. 거품이 완성되면 저속으로 천천히 믹싱하여 거품을 균일하게 정리한다.

6
달걀 거품에 가루류를 섞는다. 스패출러로 믹싱볼 옆면을 긁으면서 바닥으로 내려와 바닥을 긁어 반죽을 위쪽으로 퍼 올리는 동작을 반복한다. 이때 달걀 거품이 꺼지지 않게 재빨리 섞는다.

7

①의 버터와 우유 섞은 것에 ⑥의 반죽을 조금 덜어 넣고 섞는다. 대충 섞이면 바닐라엑스트랙을 넣어 함께 섞는다.

8

⑦의 액체 반죽을 본 반죽에 넣고 섞는다. 가루류를 섞을 때처럼 믹싱볼 옆면을 깨끗이 긁어 겉도는 반죽이 없도록 골고루 섞는다.

9

슬라이스아몬드를 깐 원형 틀에 반죽을 패닝하고 저은 뒤 틀째 바닥에 두세 번 탁탁 내리쳐서 거품들을 균일하게 정리한다. 180℃로 20분 이상 충분히 예열한 오븐에서 20~25분 정도 굽는다.

× ×

Tip

1 아몬드파우더는 반드시 밀가루와 함께 체에 세 번 정도 쳐서 사용하세요. 아몬드파우더는 수분이 많기 때문에 쉽게 뭉치는 경향이 있으니, 밀가루와 골고루 섞어서 체에 친 뒤 다시 뭉치지 않도록 반죽에 섞기 전까지 펼쳐두는 것이 좋습니다.
2 원형 틀에 반죽을 패닝한 뒤 가는 꼬치나 젓가락으로 반죽을 저을 때 바닥에 깐 슬라이스아몬드가 쓸리지 않게 주의하세요. 그래야 나중에 구웠을 때 슬라이스아몬드가 고르게 장식된 케이크가 만들어진답니다.

카스텔라
Castella

카스텔라는 일반 스펀지케이크보다 달걀노른자 배합량이 많아 맛이 진하며 조밀하고 탄력이 있어요. 스펀지케이크 중 가장 실패율이 높아 초보 홈베이커들에겐 원성이 높은 케이크인데요. 달걀 거품을 얼마나 잘 올리느냐에 그 성패가 달려 있어 쉽지만은 않지만, 그런 만큼 성공하고 나면 기쁨이 두 배가 되지요.

21×11×8cm 나무틀 1개 분량
170℃ | 45~50분

중력분	··················	100g
달걀	··················	3개
달걀노른자	··················	3개
설탕	··················	150g
소금	··················	1g
포도씨유	··················	20g
우유	··················	15g
다크럼	··················	10g
바닐라엑스트랙	··················	5g

* 달걀은 실온에 둔다.
* 오븐은 170℃로 예열한다.
* 믹싱볼이 들어갈 넓은 그릇에 따뜻한 물을 담아 준비한다.

Process

1 모든 재료는 전자저울을 사용하여 정확하게 계량한다. 밀가루는 체에 두세 번 정도 친다. 달걀과 달걀노른자 3개를 함께 섞는다. 우유는 미지근하게 데워서 포도씨유와 섞고, 바닐라엑스트랙과 럼도 섞는다.

2 카스텔라 전용 나무틀에 유산지를 깐다. 오븐팬 위에 실리콘 패드를 한 장 더 깔고 그 위에 나무틀을 얹는다.

3 믹싱볼에 달걀과 노른자, 설탕, 소금을 넣고 거품기를 사용해서 섞는다.

4 60~65℃ 정도의 따뜻한 물을 담은 그릇 안에 믹싱볼을 담근 채 거품기로 저어 설탕을 녹인다. 달걀물 온도가 36℃ 내외가 되고 손가락으로 달걀물을 찍어서 문질렀을 때 설탕 알갱이가 느껴지지 않을 때까지 설탕을 녹인다.

5 설탕이 완전히 녹으면 핸드믹서나 스탠드믹서를 사용해서 거품을 올린다. 너무 빠른 속도로 거품을 올리면 입자가 불규칙해져서 케이크 식감이 거칠어지는 원인이 되니 시간이 걸리더라도 중속 정도에서 천천히 안전하게 거품을 올리도록 한다.

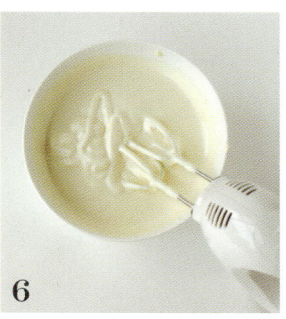

6 달걀 거품 볼륨이 풍성해지면서 연한 미색이 될 때까지 거품을 올린다. 거품기를 들어 달걀 거품을 떨어뜨렸을 때 떨어진 자국이 없어지지 않고 3초 이상 유지되면 적당한 것이다.

7

거품이 다 올라오면 핸드믹서나 스탠드믹서의 속도를 최저로 낮춰서 거품 입자가 전체적으로 아주 곱고 균일한 형태가 되도록 2~3분 정도 믹싱한다. 거품기를 들어 거품을 떨어뜨리면 리본처럼 납작한 형태가 되어 지그재그로 떨어지면서 차곡차곡 쌓이고, 자잘한 거품이 거의 보이지 않을 정도로 아주 조밀하고 고운 상태가 되어야 한다.

8

달걀 거품이 담긴 믹싱볼에 스패출러를 넣고 그 위로 밀가루를 반 정도 넣은 뒤 스패출러를 반죽과 함께 들어 올리면서 좌우로 흔들어 밀가루가 달걀 거품 전체로 흩어지게 한다. 스패출러로 믹싱볼 옆면을 긁으면서 바닥으로 내려온 뒤 바닥을 긁으면서 반죽을 위로 퍼 올리듯 들어 올리는 동작을 두세 번 정도 한다. 나머지 밀가루를 넣고 같은 동작을 반복하면서 섞는다.

9

반죽을 이리저리 휘저으면서 짓이기듯 섞지 말고, 반드시 스패출러로 바닥을 긁으면서 아래의 반죽을 위로 퍼 올리는 방법으로 밀가루를 섞는다. 바닥의 반죽을 퍼 올렸을 때 날가루가 보이면 스패출러를 좌우로 흔들어 밀가루가 달걀 거품 위로 흩어지게 해서 섞는다. 밀가루가 대충 섞이면 스패출러로 믹싱볼 구석구석을 골고루 긁으면서 바닥에 밀가루가 뭉쳐 있는지 확인하고 빠른 시간 내에 반죽을 정리한다.

10

우유와 포도씨유 섞인 것이 담긴 볼에 ⑨의 반죽을 조금 덜어 넣고 거품이 꺼지지 않도록 재빨리 섞는다. 달걀 거품에 밀가루를 섞을 때처럼 반죽을 아래에서 위로 퍼 올리는 동작을 반복하면서 섞는다. 적당히 섞이면 바닐라엑스트랙과 럼 섞은 것을 함께 넣어 섞는다.

11

⑩의 액체 반죽을 본 반죽에 넣고 골고루 섞는다. 반죽 색과 농도가 균일해지도록 아래의 반죽을 퍼 올리면서 믹싱볼 옆면을 깨끗이 긁어 반죽을 정리한다.

12

액체 상태인 ⑩의 반죽은 본 반죽보다 무거워서 대부분 바닥에 몰려 있으니 반죽 전체를 뒤집는다는 느낌으로 섞는다.

13

유산지를 깐 나무틀에 20cm 정도 높이에서 반죽을 붓고 가는 나무 꼬치나 젓가락으로 휘저은 뒤 틀째 바닥에 두세 번 탁탁 내리쳐서 거품들을 균일하게 정리한다. 170℃로 20분 이상 충분히 예열한 오븐에서 45~50분 정도 굽는다. 윗면이 진한 갈색이 되도록 구운 뒤 젓가락으로 가운데 부분을 바닥까지 찔러서 반죽이 묻어나지 않고 깨끗하면 오븐에서 꺼낸다. 그리고 곧바로 틀째 낮은 높이에서 바닥에 떨어뜨려 충격을 주고 종이호일을 깐 나무 도마나 팬 위에 뒤집어서 식힌다.

Tip

1 카스텔라는 달걀 거품 입자를 최대한 곱고 균일하게, 거품의 밀도를 아주 촘촘하게 만들어야 특유의 식감이 살아나기 때문에 처음부터 성공하기는 쉽지 않지요. 실망하거나 포기하지 않고 꾸준히 만들면서 카스텔라만이 갖는 거품 정도와 밀가루 섞는 방법 등을 알아내고 그 느낌과 나만의 방법을 손에 익히는 것이 중요합니다. 또 모든 케이크류가 그렇듯이 사전 준비와 함께 번거롭더라도 작은 과정 하나하나를 반드시 짚고 넘어가야 제대로 된 결과물이 만들어집니다. 손이 많이 간다는 이유로 대충 건너뛰거나 생략하는 것들이 바로 실패의 가장 큰 요인이 되어 아까운 재료들을 버리게 되지요. 반드시 만들기 전에 레시피를 꼼꼼하게 체크하고 준비하며, 유산지를 까는 작은 일까지도 곧이곧대로 짚고 넘어가는 습관을 들이는 게 카스텔라를 포함한 모든 케이크를 잘 만드는 노하우가 됨을 기억하세요.

2 달걀 거품을 완성한 뒤 핸드믹서를 저속으로 낮춰 거품을 균일하게 만드는 과정을 반드시 지키세요. 달걀 거품은 휘핑 과정에서 만들어지는 크고 작은 거품들로 구성되는데, 이런 거품들의 입자를 최대한 균일하고 조밀하게 만들면 거품이 더 단단해지면서 쉽게 꺼지지 않고 안정성을 얻게 됩니다. 이 과정을 건너뛰어 불규칙하게 구성된 거품을 그대로 사용하여 구우면 식감이 거칠어지고, 밀가루를 섞는 과정에서 반죽이 쉽게 꺼져 볼륨이 부족하거나 떡 진 현상이 발생하기도 합니다. 달걀 거품을 견고하게 만드는 과정이 매우 중요하다는 것을 잊지 마세요.

3 카스텔라 만들기에 실패하는 원인 중 대부분은 바로 달걀 거품에 밀가루를 섞는 과정에서 발생하는데요. 달걀 거품에 섞인 밀가루 덩어리를 풀기 위해 반죽을 이리저리 휘저으면서 짓이기듯 과도하게 오래 섞다 보면 달걀 거품이 꺼질 뿐 아니라, 밀가루에 글루텐이 형성되어 케이크가 단단하고 질겨지며 떡이 지는 결과가 생깁니다. 밀가루는 달걀 거품보다 무겁기 때문에 거품에 섞으면 대부분 바닥으로 가라앉아요. 따라서 밀가루를 달걀 거품에 섞을 때 한꺼번에 쏟아 붓듯 넣지 말고 적당량씩 덜어서 넣되, 넣는 즉시 바로바로 밀가루를 흩으면서 달걀 거품 전체에 뿌려지게 하여 섞는 것이 좋습니다. 채 섞이지 못한 밀가루 덩어리는 주로 믹싱볼 바닥에 남아 있으니 섞을 때마다 항상 바닥 구석구석을 완전하게 긁어주세요. 이때 올라오는 날가루들은 스패츌러를 흔들어서 달걀 거품 전체에 뿌려지게 한 뒤 전체적으로 섞으세요. 밀가루가 제대로 섞이지 못하면 케이크를 구웠을 때 날가루 덩어리가 케이크에 그대로 박혀 있을 수 있으니 달걀 거품 섞는 요령을 잘 터득해서 그대로 따라하세요. 이 과정에서 달걀 거품이 꺼지지 않고 밀가루가 잘 섞인다면 카스텔라를 성공적으로 만들 수 있습니다.

4 카스텔라는 일반 스펀지케이크보다 조금 낮은 온도에서 오래 굽기 때문에 윗면 색이 아주 진하게 나는 것이 특징입니다. 따라서 과도한 수분 증발을 막기 위해 열전달이 빠른 일반 틀(스테인리스나 알루미늄 틀)보다는 두툼한 나무틀에 굽는 것이 좋습니다. 같은 반죽을 나무틀과 일반 틀에 구워 비교하면 그 차이를 식감에서 느낄 수 있는데, 나무틀에 구운 케이크의 식감이 한결 촉촉하면서 폭신하지요. 카스텔라를 구울 때는 틀 바닥에 실리콘 패드나 두툼한 종이를 한 번 더 깔아 과도한 열전달을 방지하는 것이 좋아요. 특히 깨끗한 종이를 신문지 여러 장의 두께만큼 깔고 구우면 카스텔라 색이 한결 고르고 진하게 납니다. 나무틀이 아닌 일반 틀에 구울 경우 열전달이 빨라 굽는 시간이 짧아질 수 있으니 이때는 시간을 적절히 조절하세요.

5 카스텔라는 적당하게 식혀서 바로 랩이나 밀폐용기에 넣고 냉장고에서 하루 이상 숙성시켜 먹는 것이 좋아요. 오븐에 갓 구운 케이크는 단맛만 강하지만, 하루 정도 지나면 숙성되어 단맛이 사그라지면서 특유의 맛과 재료의 풍미, 촉촉한 질감이 살아납니다.

6 레시피에 사용된 오일 대신 버터를 녹여서 사용할 수 있습니다. 버터가 들어가면 특유의 풍미를 느낄 수 있으며, 오일은 버터의 풍미는 없지만 깔끔한 맛을 느낄 수 있지요. 오일은 올리브유처럼 특별한 향이 나는 것은 피해야 합니다. 오일 중 포도씨유는 가장 깔끔하고 점도가 낮으며 발연점이 높아, 사용했을 때 최상의 결과를 가져옵니다.

생크림카스텔라
Fresh Cream Castella

생크림이 들어가 한결 부드럽고 풍미가 좋은 생크림카스텔라예요. 꿀을 넣어 식감을 촉촉하게 만들면 우유와 함께 먹을 때 입안에서 사르르 녹아 아이들이 정말 좋아하지요. 작은 타원형 틀에 구우면 베이커리에서 파는 카스텔라랑 똑같아요. 이걸 한 개씩 포장하면 선물용으로 아주 좋답니다.

Recipe

14×9×5cm 타원형 틀 4개 분량
170℃ | 25분 내외

중력분	90g
달걀	3개
설탕	100g
소금	1g
포도씨유	20g
생크림	35g
꿀	20g
바닐라엑스트랙	5g

* 달걀은 실온에 둔다.
* 오븐은 170℃로 예열한다.
* 믹싱볼이 들어갈 넓은 그릇에 따뜻한 물을 담아 준비한다.

Process

1 모든 재료는 전자저울을 사용하여 정확하게 계량한다. 밀가루는 체에 두세 번 정도 친다. 생크림은 미지근하게 데워서 꿀, 포도씨유와 섞는다.

2 타원형 틀에 유산지를 깐다.

3 믹싱볼에 달걀, 설탕, 소금을 넣고 중탕으로 설탕을 완전하게 녹인 뒤 핸드믹서나 스탠드믹서를 사용해서 거품을 올린다. 달걀 거품을 떨어뜨렸을 때 거품 자국이 유지될 정도로 단단하면 적당한 것이다. 거품이 완성되면 속도를 낮춰서 거품 입자가 전체적으로 아주 곱고 균일한 형태가 되도록 조금 더 휘핑한다.

4 달걀 거품에 밀가루를 섞는다. 반죽을 이리저리 휘저으면서 짓이기듯 섞지 말고, 스패츌러로 바닥을 긁으면서 아래에 있는 반죽을 위로 퍼 올리는 동작을 반복하여 밀가루를 섞는다.

5 ①의 생크림과 꿀, 포도씨유 섞은 것을 담은 볼에 ④의 반죽을 조금 덜어 넣고 골고루 섞은 뒤 바닐라엑스트랙을 넣어 함께 섞는다.

6 액체 반죽을 본 반죽에 넣고 골고루 섞는다. 반죽 전체를 뒤집는다는 느낌으로 믹싱볼 바닥에 있는 반죽을 퍼 올리면서 믹싱볼 옆면을 깨끗이 긁어 반죽을 정리한다.

7 유산지를 깐 틀에 20cm 정도 높이에서 반죽을 붓고 가는 나무 꼬치나 젓가락으로 휘저은 뒤 틀째 바닥에 두세 번 탁탁 내리쳐서 거품을 균일하게 정리한다. 170℃로 20분 이상 충분히 예열한 오븐에서 25분 내외로 구운 뒤, 오븐에서 꺼내자마자 틀째 낮은 높이에서 바닥에 떨어뜨려 충격을 주고 종이호일을 깐 나무 도마나 팬 위에 뒤집어서 식힌다.

Tip

오버 베이크하지 않도록 주의하세요. 반죽 양이 적을 경우 너무 오래 구우면 수분이 과도하게 날아가 식감이 뻣뻣한 케이크가 됩니다.

녹차카스텔라
Green Tea Castella

초록빛이 고운 녹차카스텔라는 유지를 넣지 않은 일본식 카스텔라로, 쫀쫀하면서도 폭신하고 깔끔한 맛이 고급스러워요. 입자가 조금 거친 일반 녹차가루보다 아주 고운 파우더 형식의 말차가루를 사용하면 식감이 더욱 부드러워지지요. 쌉싸래한 뒷맛에서 은은한 녹차 향을 풍기는 카스텔라를 만들어보세요. 독특하고 정말 매력적인 카스텔라입니다.

21×11×8cm 나무틀 1개 분량
170℃ | 45~50분

중력분	⋯⋯⋯⋯⋯⋯⋯⋯	100g
녹차(말차)가루	⋯⋯⋯⋯⋯	5g

달걀	⋯⋯⋯⋯⋯⋯⋯⋯⋯	3개
달걀노른자	⋯⋯⋯⋯⋯⋯	2개
설탕	⋯⋯⋯⋯⋯⋯⋯⋯⋯	130g
소금	⋯⋯⋯⋯⋯⋯⋯⋯⋯	1g

우유	⋯⋯⋯⋯⋯⋯⋯⋯⋯	10g
다크럼	⋯⋯⋯⋯⋯⋯⋯⋯	10g
꿀	⋯⋯⋯⋯⋯⋯⋯⋯⋯⋯	35g
바닐라엑스트랙	⋯⋯⋯⋯⋯	5g

* 달걀은 실온에 둔다.
* 오븐은 170℃로 예열한다.
* 믹싱볼이 들어갈 넓은 그릇에 따뜻한
물을 담아 준비한다.

Process

1
모든 재료는 전자저울을 사용하여 정확하게 계량한다. 밀가루와 녹차(말차)가루는 함께 체에 두세 번 정도 친다. 달걀과 달걀노른자 2개를 섞는다. 우유는 미지근하게 데워서 꿀과 섞고, 바닐라엑스트랙과 럼도 섞는다.

2
카스텔라 전용 나무틀에 유산지를 간다. 오븐팬 위에 실리콘 패드를 1장 깐 뒤 그 위에 나무틀을 얹는다.

3
믹싱볼에 달걀과 달걀노른자, 설탕, 소금을 넣고 거품기로 섞은 뒤 중탕으로 설탕을 녹인다. 달걀물 온도가 36℃ 내외가 되고 설탕 알갱이가 느껴지지 않을 때까지 완전하게 녹인다.

4
핸드믹서나 스탠드믹서를 사용해서 거품을 올린다. 거품기를 들고 달걀 거품을 떨어뜨렸을 때 거품 자국이 없어지지 않고 3초 이상 유지될 정도로 단단하면 적당한 것이다.

5
거품이 완성되면 믹서의 속도를 최저로 낮춰서 거품 입자가 전체적으로 아주 곱고 균일한 상태가 되도록 2~3분 정도 휘핑하여 자잘한 거품이 거의 보이지 않을 정도로 정리한다.

6
달걀 거품에 체에 쳐둔 가루류를 넣은 뒤 스패출러로 바닥을 쓸어 아래에 있는 반죽을 위로 퍼 올리는 동작을 반복하면서 가루를 섞는다. 바닥의 반죽을 퍼 올렸을 때 날가루가 있으면 스패출러를 좌우로 흔들어 밀가루가 거품 위로 흩어지게 한 뒤 골고루 섞는다.

7 ①의 우유와 꿀 섞은 것을 담은 볼에 ⑥의 달걀 반죽을 조금 덜어 넣고 거품이 꺼지지 않도록 재빨리 섞는다. 액체가 적당히 섞이면 바닐라엑스트랙과 럼 섞은 것을 넣고 다시 한 번 섞는다.

8 액체 반죽을 본 반죽에 넣고 반죽 색과 농도가 균일해지도록 아래에 있는 반죽을 퍼 올리면서 믹싱볼 옆면을 깨끗이 긁어 반죽을 정리한다.

9 유산지를 깐 나무틀에 20cm 정도 높이에서 반죽을 붓고 가는 나무 꼬치나 젓가락으로 반죽을 휘저은 뒤 틀째 바닥에 두세 번 탁탁 내리쳐서 거품들을 균일하게 정리한다. 170℃로 20분 이상 충분히 예열한 오븐에서 45~50분 정도 구운 뒤, 오븐에서 꺼내자마자 틀째 낮은 높이에서 바닥에 떨어뜨려 충격을 주고 종이호일을 깐 나무 도마나 팬 위에 뒤집어서 식힌다.

×　×

Tip

1 말차가루는 평소 맛이 익숙한 것을 사용하세요. 같은 말차라도 향과 맛이 조금씩 다른 만큼 본인 입맛에 맞는 것을 사용해야 맛있는 녹차 카스텔라를 즐길 수 있습니다. 말차가루 대신 일반 녹차가루를 사용해도 되는데, 가루 입자가 말차에 비해 좀 더 거칠고 색도 어둡기 때문에 완성된 카스텔라에 차이가 생길 수 있어요.

2 카스텔라 맛을 제대로 즐길 수 있는 비결을 알려드릴게요. 막 완성된 카스텔라의 뜨거운 김이 나가고 어느 정도 식어서 약간 온기가 있을 때 밀봉하거나 밀폐용기에 담아 냉장고에 넣고 하루 정도 숙성시킨 뒤 드세요. 모든 케이크류는 구운 직후 바로 먹는 것보다 하루 정도 숙성 과정을 거치면 맛과 풍미가 한 단계 업그레이드된답니다.

멕시칸롤케이크
Mexican Roll Cake

멕시칸롤케이크는 케이크 무늬가 멕시코 사람들의 고깔모자를 닮았다 해서 붙은 이름이에요. 케이트 시트에 크림 대신 달콤한 잼을 발라 돌돌 마는 것으로, 생각보다 쉽고 간단하게 만들 수 있는 홈베이킹 단골 아이템이랍니다. 롤케이크는 일반 스펀지케이크와 달리 달걀 배합률이 높은데, 그래야 탄력 있는 롤이 되어 돌돌 말 때 터지지 않아요. 높은 온도에서 짧게 굽는 것도 터지지 않게 마는 데 큰 역할을 한답니다.

36×26cm 직사각 틀 1개 분량
200℃ | 10∼15분

박력분	110g

달걀	5개
물엿	15g
설탕	160g
소금	2g

무염버터 녹인 것	45g
우유	35g
바닐라엑스트랙	5g

인스턴트커피	5g
온수	15g

딸기잼	150g 내외

* 달걀은 실온에 둔다.
* 오븐은 200℃로 예열한다.
* 그릇에 따뜻한 물을 담아 준비한다.
* 샌드용 잼은 좋아하는 것으로 준비한다.
* 박력분 대신 중력분을 사용할 수 있다.

Process

1

달걀을 믹싱볼에 담고 알끈을 모두 제거한다. 녹인 버터와 미지근하게 데운 우유를 골고루 섞는다. 밀가루는 체에 두세 번 정도 치고, 인스턴트커피는 뜨거운 물에 잘 녹인다.

2

사각 틀에 유산지를 깐다.

3

볼에 달걀, 설탕, 소금, 물엿을 넣고 따뜻한 물을 담은 그릇에 얹어서 거품기로 저어 설탕을 완전히 녹인다.

4

핸드믹서나 스탠드믹서를 사용해 달걀 거품을 올린다. 이때 달걀 거품은 연한 미색으로, 거품을 떨어뜨렸을 때 자국이 없어지지 않고 3초 이상 남아 있는 정도로 단단해야 한다. 거품이 완성되면 핸드믹서의 속도를 최저로 낮추고 2∼3분 정도 더 돌려서 거품 입자를 균일하게 정리한다.

5

체에 친 밀가루를 달걀 거품에 넣고 골고루 섞는다. 스패츌러를 사용해 반죽을 바닥에서 위로 퍼 올리듯 하며 거품이 꺼지지 않도록 빠른 시간 내에 섞는다.

6

①의 녹인 버터와 우유 섞은 것을 담은 볼에 ⑤의 반죽을 조금 덜어 넣고 골고루 섞은 뒤 바닐라엑스트랙을 넣어 함께 섞는다.

Tip

1 롤케이크는 스펀지케이크류 중 달걀 배합률이 꽤 높아요. 롤을 만들 때 케이크 시트가 건조하거나 탄력이 부족하면 쉽게 터지거나 찢어지기 때문에 이를 방지하기 위함인데요. 달걀 배합률을 높이면 수분 함량이 많아지는 것은 물론, 가볍고 탄력 있어집니다. 또한 물엿 같은 시럽 형태의 당분을 추가하면 케이크 식감이 좀 더 촉촉해져서 롤을 말 때 터지거나 갈라지는 것을 방지하지요.

2 롤케이크 만들 때 가장 중요한 것, 바로 오븐에서 너무 오랫동안 굽지 말아야 한다는 점입니다. 롤케이크 시트는 두께가 얇기 때문에 너무 오래 구우면 수분이 많이 날아가 쉽게 건조해져서 롤을 말 때 터지는 원인이 됩니다. 일반 스펀지케이크보다 조금 더 높은 온도에서 짧은 시간에 굽는 것이 좋으며, 또 다른 넓은 틀에 물을 조금 뿌리고 반죽 담은 틀을 얹어 구우면 밑면 색이 고르고 깨끗하게 구워집니다.

3 롤케이크는 케이크 시트에 온기가 있을 때 잼을 바르고 바로 롤 모양으로 마는 것이 좋은데요. 이때는 수분이 많이 남아 있어서 시트의 탄력이 좋아 터지거나 찢어지지 않고 부드럽게 잘 말립니다. 단, 생크림이나 버터크림을 바를 때는 온기가 있으면 크림이 녹을 수 있으니 완전히 식힌 뒤 마는 것이 좋습니다.

4 잼은 너무 많이 바르지 않도록 합니다. 잼을 두껍게 바르면 시트가 축축해져서 식감이 찐득거리고 단맛이 강한 케이크가 됩니다. 잼을 골고루 바른 뒤 나이프로 얇게 정리해서 말아주세요.

7 액체 반죽을 본 반죽에 넣고 골고루 섞는다. 바닥에서 위로 반죽을 퍼 올리듯 하고, 스패출러로 볼 옆면을 긁어가며 재빨리 섞어 정리한다.

8 커피액에 반죽을 조금 덜어 넣고 골고루 섞는다.

9 유산지를 깐 틀에 반죽을 붓고 틀째 바닥에 두세 번 탁탁 내리친 뒤 스크래퍼로 윗면을 편평하게 다듬는다.

10 커피액 반죽을 짤주머니에 넣고 달걀 반죽 위에 대각선 방향으로 선을 그린다.

11 가는 꼬치를 사용해 ⑩의 대각선 반대 방향에서 선을 긋는다.

12 200℃로 20분 이상 충분히 예열한 오븐에서 10~15분 정도 굽는다. 구울 때 넓은 틀 위에 물을 조금 뿌리고 반죽이 담긴 틀을 얹어 구우면 색이 고르고 예쁘게 난다. 10분 정도 지난 뒤 색을 보고 굽는 시간을 조절하는데, 보통 13분 정도가 적당하다. 다 구우면 바로 틀에서 빼내 무늬가 밑으로 가게 뒤집어서 식힌다. 이때 종이호일 위에 엎어서 식히면 무늬가 망가지지 않지만, 일반 유산지에 엎어 식히면 무늬 부분이 들러붙어 망가질 수 있다.

13 뜨거운 케이크 시트가 한 김 빠져서 약간 온기가 남아 있는 정도가 되면 윗면에 딸기잼을 얇게 펴 바른다. 이때 케이크 시트 양쪽 가장자리를 1cm 정도 남기고 발라야 돌돌 말 때 잼이 삐져나오지 않는다. 잼은 얇게 발라야 깔끔하다. 잼을 다 바른 뒤 안쪽으로 말리는 부분에 칼집을 2~3군데 넣는다.

14 앞쪽 유산지를 들어 올리면서 김밥 말듯이 케이크 시트를 만다. 제일 안쪽으로 들어가는 시트 부분은 손으로 다듬으면서 최대한 안쪽으로 밀어 넣고, 유산지가 끼어들어가지 않게 자로 밀어가며 종이호일을 잡아당겨 단단하게 감싸면서 만다. 맨 끝부분이 잘 붙을 수 있도록 바닥으로 가게 해 1시간 이상 냉장고에서 굳힌다.

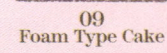
컵케이크
Cup Cake

컵케이크는 폭신폭신하면서도 부드러운 맛에, 한자리에서 한두 개는 거뜬히 먹어치울 수 있지요. 간단하게 머핀컵에 구워 생크림만 올려도 아주 예쁜 케이크가 만들어지기 때문에 파티용으로 아주 좋아요. 예쁘게 장식해 아이들 생일 파티에 내면 인기 만점이랍니다.

지름 5cm 컵케이크 유산지
6개 분량 | 180℃ | 15~20분

박력분	60g

달걀	2개
설탕	80g
소금	1g

무염버터 녹인 것	10g
우유	15g
바닐라엑스트랙	3g

* 달걀은 실온에 둔다.
* 오븐은 180℃로 예열한다.
* 믹싱볼이 들어갈 넓은 그릇에 따뜻한 물을 담아 준비한다.
* 박력분 대신 중력분을 사용할 수 있다.
* 무염버터 녹인 것 대신 포도씨유를 사용할 수 있다.

Process

1 밀가루는 체에 두세 번 정도 친다. 우유는 미지근하게 데워서 버터 녹인 것과 섞는다.

2 일회용 컵케이크 유산지를 준비한다. 없을 경우 머핀틀에 머핀 유산지를 끼워 사용한다.

3 믹싱볼에 달걀과 설탕, 소금을 넣고 중탕으로 설탕을 완전하게 녹인 뒤 핸드믹서나 스탠드믹서를 사용하여 거품을 올린다.

4 달걀 거품 떨어진 자국이 없어지지 않고 3초 이상 남아 있는 정도로 단단하게 거품을 올린 뒤, 핸드믹서 속도를 최저로 낮춰서 거품 입자가 전체적으로 조밀하고 곱게 믹싱한다.

5 달걀 거품에 밀가루를 섞는다. 스패출러로 믹싱볼 바닥을 긁어 반죽을 위로 퍼 올리는 동작을 반복하면서 밀가루를 섞는다.

6 ①의 우유와 버터 섞은 것을 담은 볼에 ⑤의 달걀 반죽을 조금 덜어서 골고루 섞은 뒤 바닐라엑스트랙을 넣고 함께 섞는다.

1 반죽 양이 적으니 굽는 시간을 잘 조절하세요. 자칫 오래 구우면 수분이 날아가 촉촉함이 사라질 수 있어요.

2 컵케이크는 그대로 우유와 먹어도 맛있지만, 깔끔하게 생크림 토핑을 얹으면 모양도 맛도 업그레이드됩니다. 좋아하는 계절 과일을 얹으면 생일 케이크로도 사용할 수 있는 예쁜 케이크가 되지요.

7 액체 반죽을 본 반죽에 넣고 골고루 섞는다. 바닥의 반죽을 퍼 올리면서 믹싱볼 옆면을 깨끗이 긁어 반죽을 정리한다.

8 일회용 컵케이크 유산지에 반죽을 60% 정도 패닝한 뒤 바닥에 두세 번 탁탁 내리쳐서 거품들을 균일하게 정리한다.

9 180℃로 20분 이상 충분히 예열한 오븐에서 15~20분 정도 굽는다. 다 구워지면 오븐에서 꺼낸 뒤 틀째 낮은 높이에서 바닥에 떨어뜨려 충격을 주고 식힘망에 얹어 식힌다.

바닐라스펀지케이크
Vanilla Sponge Cake

별립법은 달걀의 노른자와 흰자를 분리해서 각각 거품을 만들어 섞는 방법입니다.
별립법으로 만든 케이크는 공립법으로 만든 케이크보다 볼륨이 힘 있고, 탄력이 있으며,
가볍고 뽀송뽀송한 식감을 가집니다. 그러나 거품을 따로 내어 섞기 때문에
시간이 오래 걸리고, 때에 따라서는 흰자 거품인 머랭의 단단함으로 인해 재료들이 고루 섞이지 못하고
그로 인해 오버 믹싱하게 돼 오히려 거품을 죽이는 결과가 생기기도 합니다.
따라서 별립법의 경우는 믹싱 정도를 손에 익히는 것이 스펀지케이크를 잘 만드는
지름길이라 할 수 있습니다. 케이크를 만들기 전에 과정 하나하나를 자세히 읽어보세요.
특히 Tip 부분에는 케이크 만들기 비법과 주의사항이 담겨 있으니
꼼꼼하게 챙겨보며 체크해두십시오.

Recipe

15×15×7cm 정사각 틀 1개 분량
180℃ | 25분 내외

박력분	100g

달걀노른자	3개
설탕	65g
소금	1g

달걀흰자	3개
설탕	60g

무염버터 녹인 것	25g
우유	10g
바닐라엑스트랙	5g

* 달걀은 실온에 둔다.
* 오븐은 180℃로 예열한다.
* 믹싱볼을 얹을 그릇에 따뜻한 물을 담아 준비한다.
* 박력분 대신 중력분을 사용할 수 있다.
* 무염버터 녹인 것 대신 포도씨유를 사용할 수 있다.

1

모든 재료는 전자저울을 사용하여 정확하게 계량한다. 달걀의 노른자와 흰자를 분리해서 각각 믹싱볼에 담는다. 특별히 주의해야 할 점은, 흰자에는 이물질이 조금이라도 섞이면 안 된다는 것이다. 이물질이 섞이면 흰자 거품인 머랭이 만들어지지 않는다. 특히 노른자는 지방 성질이기 때문에 절대 섞이면 안 되니, 달걀을 분리할 때 노른자가 터져서 흰자에 섞이지 않도록 주의한다.

2

정사각 틀에 유산지를 깐다. 달걀 거품을 올려 식감을 만드는 거품형 케이크류는 반죽이 직접 뜨거운 틀에 닿으면 굽는 동안 수분을 많이 빼앗겨 뻣뻣한 케이크가 되기 때문에 케이크틀과 반죽이 직접 닿지 않게 반드시 유산지를 깔아야 한다.

3

밀가루는 체에 두세 번 친다. 반죽 직전 체에 치는 것이 좋으며, 체에 친 뒤 달걀 거품에 섞기 전까지 다시 뭉치지 않도록 주의한다.

4

버터는 전자레인지를 이용하거나 중탕으로 미리 녹여서 액체 상태로 만들어 미지근하게 식히고, 우유는 살짝 데워서 녹인 버터에 넣어 골고루 섞는다.

5

노른자가 담긴 믹싱볼에 설탕과 소금을 넣고 핸드믹서나 스탠드믹서로 섞는다.

6

60~65℃ 정도의 따뜻한 물을 담은 그릇 위에 노른자가 담긴 믹싱볼을 얹고 거품기로 젓는다. 손가락으로 노른자를 찍어 문질러보아 설탕 알갱이가 느껴지지 않고 노른자의 온도가 대략 34~37℃ 정도 될 때까지 설탕을 녹인다.

7

설탕이 완전히 녹아 노른자에 섞이면 핸드믹서나 스탠드믹서를 사용해서 거품을 올린다. 거품을 올릴 때는 속도를 중속에 맞춘다. 과도하게 빠른 속도에서 거품을 올리면 거품 입자가 거칠고 불규칙해져서 다른 재료를 섞을 때 그만큼 빨리 꺼지는 역효과가 나니 속도를 잘 조절해야 한다.

8

노른자의 볼륨이 풍성해지면서 연한 미색이 될 때까지 거품을 올린다.

9

노른자의 거품 상태를 중간 중간 확인하면서 거품을 올린다. 거품기를 들어 노른자 거품을 떨어뜨렸을 때 얇은 리본 형태가 되어 지그재그로 차곡차곡 떨어지면서, 떨어진 거품이 사라지지 않고 그대로 남아 있는 정도의 단단함이면 된다. 노른자 거품이 완성되면 핸드믹서의 속도를 최저로 낮춘 뒤 3분 정도 더 천천히 휘핑해서 거품 입자를 균일하게 정리한다.

10

물기나 기타 이물질 없이 깨끗한 믹싱볼에 흰자를 넣고 핸드믹서나 스탠드믹서로 휘핑한다. 이때 사용하는 거품기 날도 물기 없는 마른 상태여야 한다.

11

흰자가 하얗게 변하면서 거품이 올라오기 시작하면 설탕을 세 번에 나눠 넣으면서 머랭을 만든다. 흰자는 설탕을 넣기 전 먼저 약간의 거품을 올려야 설탕이 잘 섞이고 거품이 안정적으로 만들어지기 때문에, 처음부터 설탕을 넣지 말고 중간 중간에 나눠 넣으면서 섞는 것이 좋다.

12

흰자로 머랭을 만들 때 고속으로 휘핑하면 거품 입자가 불규칙하고 거품이 커져서 머랭이 거칠어지므로 반죽에 섞을 때 거품이 쉽게 꺼지는 원인이 될 수 있다. 시간이 걸리더라도 중속에서 휘핑해야 반죽에 섞을 때 쉽게 꺼지지 않는 견고하고 단단하면서도 부드럽고 안정적인 머랭을 얻을 수 있다.

13

머랭을 올리는 중간 중간에 오버 믹싱이 되지 않게 휘핑을 멈추고 거품기를 들어 올려 머랭 상태를 확인한다. 거품기를 들어 올렸을 때 머랭이 서 있지 못하고 흘러내리면 좀 더 휘핑한다.

14

가장 좋은 상태의 머랭은 거품기를 들어 올렸을 때 들어 올린 부분은 빳빳하게 서 있으면서 끝부분은 뾰족하고, 뾰족한 끝부분이 앞으로 구부러지는 모습을 보일 때다.

15

⑨에 머랭을 1/3 정도 덜어 넣고 스패출러를 사용해서 믹싱볼 옆면과 바닥을 긁는 느낌으로 골고루 섞는다. 이렇게 먼저 머랭을 조금 섞으면 빡빡한 노른자 거품의 농도가 묽어져 다른 재료와 나머지 머랭을 섞을 때 부드럽게 잘 섞여 오버 믹싱을 피할 수 있으며, 결과적으로 반죽의 볼륨이 꺼지지 않는다. 노른자 거품과 머랭이 빨리 골고루 섞일수록 반죽이 안정화되어 거품이 꺼지지 않고 좋은 볼륨을 가진 케이크를 만들 수 있다.

16

달걀 거품이 담긴 믹싱볼에 스패출러를 넣고 그 위로 밀가루를 반 정도 넣는다. 스패출러를 반죽과 함께 들어 올리면서 좌우로 흔들어 밀가루가 달걀 거품 전체로 흩어지게 한 뒤 믹싱볼 옆면을 긁으면서 아래로 내려가 바닥을 긁어 반죽을 위쪽으로 들어 올리는 동작을 두세 번 반복한다.

17

다시 스패출러 위로 나머지 밀가루를 넣은 뒤 스패출러를 들어 올리면서 흔들어 밀가루가 흩어지도록 한다. 스패출러로 옆면을 깨끗이 긁으면서 아래로 내려가 바닥을 긁어 거품을 위로 퍼 올리는 동작을 빠른 속도로 반복하면서 밀가루를 섞는다. 날가루가 보일 때마다 스패출러를 좌우로 흔들어서 넓게 흩어지도록 하여 밀가루가 뭉치지 않도록 주의하며 섞는다.

18

미리 녹여서 미지근하게 식힌 버터와 우유 섞은 것을 반죽에 넣고 골고루 섞는다. 이때 거품이 꺼지지 않도록 밀가루를 섞을 때처럼 재빨리 섞는다. 버터와 우유가 대충 섞이면 바닐라엑스트랙을 넣어 함께 섞는다.

19

액체가 반죽에 골고루 섞이도록 믹싱볼 바닥을 긁으면서 아래에서 위로 반죽을 퍼 올리듯 섞는다.

20

남은 머랭을 두 번에 나눠 반죽에 넣고 섞는다. 스패출러로 믹싱볼 옆면과 바닥을 재빨리 긁으면서 아래에서 위로 반죽을 퍼 올리듯 섞는다. 반죽을 과도하게 휘저으면서 섞거나 짓이기듯 반죽을 눌러가며 섞으면 거품이 꺼져서 반죽 농도가 물처럼 묽어지니 주의한다.

21

머랭이 완전하게 섞인 상태에서 반죽을 조금 떠서 떨어뜨렸을 때 떨어진 반죽이 물처럼 흐르거나 금방 없어지지 않고 자국이 남는 정도가 좋다. 거품이 살아 있어 형태가 잘 유지되는 농도면 적절하게 완성된 것이다.

22

유산지를 깐 틀에 20cm 정도 높이에서 반죽을 붓고 가는 나무 꼬치나 젓가락으로 바깥쪽에서 안쪽으로 빙글빙글 동그라미를 그리듯이 휘젓는다. 틀째 바닥에 두세 번 탁탁 내리쳐서 거품들을 균일하게 정리한다. 180℃로 20분 이상 충분히 예열한 오븐에서 25분 내외로 굽는다. 구운 윗면이 고른 황금빛을 내면 가는 나무 꼬치나 젓가락으로 가운데 부분을 바닥까지 찔러 익은 정도를 확인한다. 가장 가운데 부분의 바닥이 가장 늦게 익기 때문에 그 부분을 찔러서 반죽이 묻어나지 않고 깨끗한 상태이면 다 익은 것이다. 구운 케이크는 바로 종이호일을 깐 도마나 식힘망 위에 뒤집어서 식힌다.

1 달걀의 흰자와 노른자를 분리할 때 특히 주의하세요. 흰자 거품으로 머랭을 만들 때 유지나 물, 우유 등은 천적이라고 할 만큼 큰 영향을 끼치는데, 이런 재료들은 아주 소량이라도 흰자에 섞이면 단단한 머랭이 만들어지지 않습니다. 그렇기 때문에 흰자에 섞이지 않게 하는 것은 물론이고 머랭 만들 때 사용하는 도구에도 묻어 있지 않도록 철저하게 주의해야 합니다. 특히나 노른자에는 레시틴이라는 유지 성분이 들어 있어서 노른자가 소량이라도 섞일 경우 완전한 머랭이 만들어지지 않으니 달걀흰자와 노른자를 분리할 때 노른자가 터져서 흰자에 섞이지 않도록 하세요. 또한 가정에서 요리할 때 사용하던 플라스틱이나 멜라민 소재 믹싱볼을 사용할 경우 마모된 믹싱볼의 미세한 틈에 끼어 있던 기름기나 이물질 때문에 머랭이 안 만들어질 수도 있으니, 될 수 있으면 유리나 도자기로 된 믹싱볼을 사용하는 것이 좋습니다.

2 밀가루는 반드시 두세 번 정도 고운체에 쳐서 사용하세요. 밀가루는 공기 중의 수분을 흡수하는 성질이 있기 때문에 보관하던 밀가루를 그냥 사용하면 덩어리진 채 반죽에 섞이는 경우가 생깁니다. 이렇게 반죽에 섞인 밀가루 덩어리를 풀기 위해 과도하게 섞다 보면 오버 믹싱하게 되고, 이는 달걀 거품이 꺼지는 원인이 될 뿐만 아니라 글루텐을 형성시켜 완성된 케이크의 볼륨을 빈약하게 만들고 단단해지게 만듭니다.

3 설탕에는 수분을 촉촉하게 유지하게 하는 보수성이라는 성질이 있는데, 흰자에 넣는 설탕 역시 휘핑으로 만든 거품 표면이 건조되는 것을 막음과 동시에 거품이 쉽게 꺼지지 않고 단단하게 만드는 역할을 합니다. 하지만 거품 형성을 억제하는 기능도 함께 가지고 있어서 거품이 올라오는 것을 방해하지요. 따라서 좀 더 안정적이고 단단한 머랭을 만들기 위해서는 처음부터 설탕을 넣지 않고 어느 정도 거품을 올린 뒤 조금씩 몇 번에 나눠서 넣는 것이 도움이

됩니다. 특히나 많은 양의 흰자를 사용하여 베이킹을 할 경우 이런 작용은 더욱 큰 영향을 미치니, 번거롭더라도 이런 기본적인 팁을 숙지하고 습관화하여 잘 따르는 것이 좀 더 좋은 결과물을 만들 수 있답니다. 또한 흰자로 거품을 올릴 때 사용하는 핸드믹서의 속도는 고속보다는 중속으로 하는 것이 좋은데요. 빠르게 거품을 올리면 거칠고 크기가 제각각인 불규칙한 거품 입자가 만들어지고, 이것을 다른 재료들과 믹싱할 때 오버 믹싱하게 되는 원인이 될 수 있지요. 오버 믹싱은 결국 거품을 꺼지게 만드는 직접적인 원인이 되고, 결과적으로 볼륨이 없고 폭신함을 잃은 질긴 식감의 실패한 케이크가 만들어진답니다.

4 케이크 종류에 따라 조금씩 차이는 있지만, 달걀 거품을 올려 식감을 만드는 스펀지케이크의 경우 흰자 거품, 즉 머랭을 완전히 올리면(100%) 오히려 나쁜 결과를 가져올 수 있습니다. 여기서 말하는 100% 흰자 거품이란 머랭을 떠서 올렸을 때 그 끝부분이 얇고 뾰족하며 아주 빳빳하게 일자로 서 있는 상태를 말하는데, 이런 상태의 머랭은 너무 단단한 나머지 반죽과 잘 섞이지 않아 오버 믹싱을 하게 되는 경우가 생기지요. 오히려 약간 덜 올린 상태의 머랭(제과 전문 용어로 '중간 피크'라 하며, 85~90%의 거품을 올린 상태)이어야 다른 재료들과 잘 섞일 뿐만 아니라 머랭 안에 많은 작은 거품들이 살아 있어서 오븐에서 구울 때 흰자의 구조가 부드럽게 되어 반죽이 잘 부풀어 오르도록 도와줍니다. 가장 적당한 상태는 거품을 떠서 올렸을 때 끝부분이 얇고 뾰족하며, 뾰족한 부분이 빳빳하게 서 있지 않고 앞으로 살짝 구부러지는 정도의 부드러움을 갖고 있는 상태입니다. 중간 중간 거품기를 들어 올려서 머랭의 상태를 수시로 체크해야 한다는 걸 잊지 마세요. 그러나 거품을 100% 올린 머랭을 사용하는 것이 반드시 잘못되었다고 말할 수는 없습니다. 베이커들이나 만드는 케이크 종류에 따라 조금씩은 차이가 있으니까요.

소프트롤케이크
Soft Roll Cake

입안에서 사르르 녹아내리는 소프트롤케이크는 별립법을 이용한 대표적인 케이크예요. 부드러운 식감을 머랭으로 만들어, 공립법으로 만든 롤케이크보다 가볍고 탄력 있는 맛이 특징입니다. 생크림을 휘핑해서 샌드한 뒤 돌돌 말아보세요. 부드럽고 촉촉한 클래식 롤케이크를 간단하게 만들어 맛볼 수 있답니다.

36×26×4cm 직사각 틀 1개 분량
200℃ | 10~15분

박력분 ·················· 100g
베이킹파우더 ·················· 1g

달걀노른자 ·················· 5개
물엿 ·················· 12g
설탕 ·················· 70g
소금 ·················· 1g

달걀흰자 ·················· 5개
설탕 ·················· 60g

포도씨유 ·················· 50g
우유 ·················· 15g
바닐라엑스트랙 ·················· 5g

생크림(p.116 참조) ········ 적당량

* 달걀과 우유는 실온에 둔다.
* 오븐은 200℃로 예열한다.
* 믹싱볼이 들어갈 넓은 그릇에 따뜻한 물을 담아 준비한다.
* 박력분 대신 중력분을 사용할 수 있다.
* 포도씨유 대신 무염버터 녹인 것을 사용할 수 있다.

Process

1
달걀의 노른자와 흰자를 분리해서 각각 믹싱볼에 담는다. 가루류는 체에 두세 번 친다. 우유는 미지근하게 데워서 포도씨유와 섞는다.

2
직사각 틀에 유산지를 깐다.

3
달걀노른자에 설탕과 물엿, 소금을 넣고 중탕으로 설탕을 완전하게 녹인 뒤 핸드믹서나 스탠드믹서를 사용해서 거품을 올린다. 노른자의 볼륨이 풍성해지면서 연한 미색으로 바뀌고 거품을 떨어뜨렸을 때 자국이 그대로 남아 있는 정도까지 거품을 올린다. 거품이 완성되면 느린 속도로 조금 더 휘핑해서 거품 입자를 균일하게 정리한다.

4
물기나 기타 이물질 없이 깨끗한 믹싱볼에 흰자를 넣고 핸드믹서나 스탠드믹서로 휘핑한다. 흰자가 하얗게 변하면서 거품이 올라오기 시작하면 설탕을 세 번에 나눠 넣으면서 휘핑해 머랭을 올린다.

5
거품기를 들어 올렸을 때 거품이 빳빳하게 서 있으면서 끝부분은 뾰족하고, 뾰족한 끝부분이 앞으로 구부러지는 정도까지 머랭을 올린다.

6
노른자 거품에 머랭을 1/3 정도 덜어 넣고 골고루 섞는다. 스패출러를 사용해서 믹싱볼 옆면과 바닥을 긁는 느낌으로 움직여 골고루 섞는다.

×××××××××××××××××××××××
Tip
1 샌드할 재료는 생크림도 좋지만, 각종 과일 잼도 잘 어울립니다. 생크림을 샌드할 경우 딸기나 키위 등 좋아하는 계절 과일들을 함께 넣고 말면 한결 예쁘고 맛있는 롤케이크를 즐길 수 있지요.
2 케이크 시트를 완전히 식힌 뒤 생크림을 샌드해야 합니다. 온기가 남아 있으면 생크림이 녹을 수 있습니다. 잼의 경우에는 완전히 식힌 것보다는 약간 온기가 남아 있을 때 발라주세요. 그 상태로 롤을 말면 더 부드럽고 예쁜 롤케이크가 됩니다.

7

노른자 거품에 밀가루를 넣은 뒤 스패출러로 믹싱볼 옆면을 깨끗이 긁으면서 바닥으로 내려가 믹싱볼 바닥을 긁으면서 거품을 위로 퍼 올리는 동작을 반복하여 밀가루를 섞는다.

8

포도씨유와 우유 섞은 것을 반죽에 넣고 골고루 섞는다. 대충 섞이면 바닐라엑스트랙을 넣어 함께 섞는다.

9

남겨둔 머랭을 두 번에 나눠 넣고 섞는다. 믹싱볼 옆면과 바닥을 스패출러로 재빨리 긁으면서 아래에서 위로 반죽을 퍼 올리듯 섞는다.

10

믹싱볼 옆면을 깨끗이 긁으면서 머랭이 완전하게 섞이도록 반죽을 정리한다.

11

유산지를 깐 틀에 20cm 정도 높이에서 반죽을 붓고 가는 나무 꼬치나 젓가락으로 대충 휘젓는다. 팬을 바닥에 두세 번 탁탁 내리치고 스크래퍼로 윗면을 균일하게 정리한 뒤 200℃로 20분 이상 충분히 예열한 오븐에서 10~15분 정도 굽는다.

12

다 구워지면 바로 틀에서 빼내 식힌다.

13

케이크 색이 진한 면이 위로 올라오게 하여 생크림을 골고루 바른다. 가장 안쪽에 들어가는 시트 부분에 크림을 도톰하게 바르고 끝으로 갈수록 얇게 바른다. 생크림을 다 바른 뒤 안쪽으로 말리는 부분에 칼집을 2~3군데 넣는다.

14

앞쪽의 유산지를 들어 올리면서 김밥 말듯이 케이크 시트를 만다. 제일 안쪽으로 들어가는 칼집을 넣은 시트 부분을 손으로 살짝 밀어 넣으면서 말고, 다 말리면 자로 밀어가며 종이호일을 잡아당겨 케이크를 살짝 조이면서 다듬는다. 맨 끝부분이 잘 붙도록 바닥으로 가게 해서 1시간 이상 냉장고에 넣어 굳힌다.

초콜릿롤케이크
Chocolate Roll Cake

아이들이 제일 좋아하는 초콜릿롤케이크는 만들 때마다
감탄할 만큼 촉촉하고 부드러운 식감을 자랑하지요. 생크
림이나 버터크림, 크림치즈 등 다양한 샌드용 크림만큼이
나 맛도 다양하게 변신하는 롤케이크입니다.

36×26×4cm
직사각 틀 1개 분량
200℃ | 10~15분

박력분 ····················· 80g
무가당 코코아파우더 ········ 20g
베이킹소다 ·················· 1g

달걀노른자 ················· 5개
꿀 ······················· 15g
설탕 ······················ 70g
소금 ······················ 1g

달걀흰자 ··················· 5개
설탕 ······················ 60g

포도씨유 ··················· 45g
우유 ······················ 20g
바닐라엑스트랙 ·············· 5g

바닐라버터크림(p.117 참조) ······
························· 적당량

* 달걀은 실온에 둔다.
* 오븐은 200℃로 예열한다.
* 믹싱볼이 들어갈 넓은 그릇에 따뜻한 물을 담아 준비한다.
* 박력분 대신 중력분을 사용할 수 있다.
* 포도씨유 대신 무염버터 녹인 것을 사용할 수 있다.

Process

1 달걀의 노른자와 흰자를 분리해서 각각 믹싱볼에 담는다. 밀가루와 코코아파우더, 베이킹소다를 섞어 체에 세 번 정도 친다. 우유는 미지근하게 데워서 포도씨유와 섞는다.

2 노른자에 설탕과 꿀, 소금을 넣고 중탕으로 설탕을 완전히 녹인 뒤 핸드믹서나 스탠드믹서를 사용해서 거품을 올린다. 노른자의 볼륨이 풍성해지면서 연한 미색으로 바뀌고 거품을 떨어뜨렸을 때 자국이 그대로 남아 있는 정도까지 거품을 올린다. 거품이 완성되면 느린 속도로 조금 더 휘핑해서 거품 입자를 균일하게 정리한다.

3 깨끗한 믹싱볼에 담긴 흰자를 핸드믹서나 스탠드믹서로 휘핑한다. 흰자가 하얗게 변하면서 거품이 올라오기 시작하면 설탕을 세 번에 나눠 넣으면서 휘핑해 머랭을 올린다. 거품기를 들어 올렸을 때 거품이 빳빳하게 서 있으면서 끝부분은 뾰족하고, 뾰족한 끝부분이 앞으로 구부러지는 정도까지 머랭을 올린다.

4 노른자 거품에 머랭을 1/3 정도 덜어 넣고 골고루 섞는다. 스패출러를 사용해서 믹싱볼 옆면과 바닥을 긁는 느낌으로 움직여 골고루 섞는다.

5 노른자 거품에 가루류를 넣은 뒤 스패출러로 믹싱볼 옆면을 깨끗이 긁으면서 아래로 내려가 믹싱볼 바닥을 긁고 거품을 위로 퍼 올리는 동작을 반복하여 가루류를 섞는다.

6 가루류가 대충 섞이면 포도씨유와 우유 섞은 것, 바닐라엑스트랙을 넣고 함께 섞는다. 거품이 꺼지지 않도록 재빨리 반죽을 퍼 올리듯 골고루 섞는다.

7

남겨둔 머랭을 두 번에 나눠 넣고 섞는다.

8

믹싱볼 옆면과 바닥을 스패출러로 재빨리 긁으면서 아래에서 위로 반죽을 퍼 올리듯 섞는다.

9

유산지를 깐 틀에 20cm 높이에서 반죽을 붓고 가는 나무 꼬치나 젓가락으로 대충 휘젓는다. 틀째 바닥에 두세 번 탁탁 내리치고 스크래퍼로 윗면을 균일하게 정리한다.

10

200℃로 20분 이상 충분히 예열한 오븐에서 10~15분 정도 구운 뒤 바로 틀에서 빼내 식힌다.

11

케이크 색이 진한 면이 위로 올라오게 하여 바닐라버터크림을 골고루 바른다. 가장 안쪽에 들어가는 시트 부분에 크림을 도톰하게 바르고 끝으로 갈수록 얇게 바른다. 크림을 다 바른 뒤 안쪽으로 말리는 부분에 칼집을 2~3군데 넣는다.

12

칼집을 넣은 안쪽으로 들어가는 시트 부분을 손으로 최대한 안쪽으로 밀어 넣으면서 김밥 말듯이 만다. 다 말리면 자로 밀어가며 종이호일을 잡아당겨 케이크를 살짝 조인다. 맨 끝부분이 잘 붙도록 바닥으로 가게 해서 1시간 이상 냉장고에 넣어 굳힌다.

✕✕✕✕✕✕✕✕✕✕✕✕✕✕✕✕✕✕✕✕✕✕✕✕✕✕✕✕

Tip

1 달걀 거품 반죽에 들어가는 유지류는 양이 많을수록 거품을 꺼지게 하므로 재빨리 섞어야 합니다.

2 코코아파우더는 밀가루와 달리 지방 성분이 들어 있기 때문에 수분인 달걀 거품에 잘 섞이지 않아, 자칫 잘못하면 오버 믹싱을 할 수 있습니다. 가루류를 섞을 때는 세 번 정도 체에 쳐서 사용하고, 달걀 반죽에 넣어서 섞을 때도 뭉쳐서 꺼지지 않도록 최대한 빠른 시간 안에 가루류를 흩으면서 재빠른 손놀림으로 섞어야 합니다.

3 샌드하는 크림은 취향에 맞는 것을 선택하되, 두껍게 바르지 않도록 주의하세요.

모카롤케이크
Mocha Roll Cake

케이크 중에서 제가 제일 좋아하는 모카롤케이크예요. 스펀지 형식의 케이크도 맛있지만, 롤케이크로 만들면 훨씬 더 촉촉한 식감을 맛볼 수 있답니다. 저는 이 케이크가 롤케이크 중 지존이라고 생각해요. 진하고 달콤한 모카크림을 샌드한 모카롤케이크를 한입 먹어보면 아마 지존이란 말이 이해될 거예요.

36×26×4cm
직사각 틀 1개 분량
200℃ | 10~15분

박력분 ·······························110g
베이킹파우더 ·····················1g

달걀노른자 ·······················5개
꿀 ···································10g
설탕 ·································80g
소금 ···································1g

달걀흰자 ··························5개
설탕 ·································70g

포도씨유 ··························50g
우유 ·································20g
인스턴트커피 ·····················10g
바닐라엑스트랙 ···················5g

모카버터크림(p.118 참조) ·········
··································· 적당량

* 달걀과 우유는 실온에 둔다.
* 오븐은 200℃로 예열한다.
* 믹싱볼이 들어갈 넓은 그릇에 따뜻한
물을 담아 준비한다.
* 박력분 대신 중력분을 사용할 수 있다.
* 포도씨유 대신 버터 녹인 것을 사용할
수 있다.

1
달걀의 노른자와 흰자를 분리해
서 각각 믹싱볼에 담는다. 가루류
는 체에 두세 번 정도 친다. 우유
는 미지근하게 데워서 인스턴트
커피를 넣고 녹인 뒤 포도씨유와
섞는다.

2
노른자에 설탕과 꿀, 소금을 넣고
중탕으로 설탕을 녹인 뒤 핸드믹
서나 스탠드믹서를 사용해서 거
품 자국이 그대로 남아 있는 정도
까지 노른자 거품을 올린다. 노른
자 거품이 완성되면 느린 속도로
조금 더 휘핑해서 거품 입자를 균
일하게 정리한다.

3
깨끗한 믹싱볼에 담긴 흰자를 핸
드믹서나 스탠드믹서로 휘핑한
다. 흰자가 하얗게 변하면서 거품
이 올라오기 시작하면 설탕을 세
번에 나눠 넣으면서 휘핑해 머랭
을 올린다. 거품기를 들어 올렸을
때 거품이 빳빳하게 서 있으면서
끝부분은 뾰족하고, 뾰족한 끝부
분이 앞으로 구부러지는 정도까
지 머랭을 올린다.

4
노른자 거품에 머랭을 1/3 정도 덜
어 넣고 스패출러를 사용해서 골
고루 섞는다.

5
노른자 거품에 가루류를 넣은 뒤
스패출러로 믹싱볼 옆면을 깨끗
이 긁으면서 아래로 내려가 믹싱
볼 바닥을 긁으면서 거품을 위로
퍼 올리는 동작을 반복하여 가루
류를 섞는다.

6
가루류가 대충 섞이면 커피와 우
유, 포도씨유 섞은 것과 바닐라엑
스트랙을 넣고 함께 섞는다. 거품
이 꺼지지 않도록 재빨리 반죽을
퍼 올리듯 골고루 섞는다.

7

남겨둔 머랭을 두 번에 나눠 넣고 섞는다. 믹싱볼 옆면을 깨끗이 정리하면서 반죽을 위로 퍼 올리듯 골고루 섞는다.

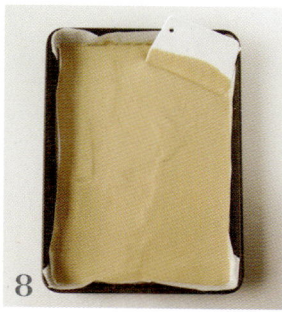

8

유산지를 깐 틀에 반죽을 20cm 정도 높이에서 붓고 가는 나무 꼬치나 젓가락으로 대충 휘저은 뒤 틀째 바닥에 두세 번 탁탁 내리치고 스크래퍼로 윗면을 균일하게 정리한다.

9

200℃로 20분 이상 충분히 예열한 오븐에서 10~15분 정도 구운 뒤 바로 틀에서 빼내 식힌다.

10

케이크 색이 진한 면이 위로 올라오게 하여 모카버터크림을 골고루 바른다. 가장 안쪽에 들어가는 시트 부분에 크림을 도톰하게 바르고 끝으로 갈수록 얇게 바른다. 크림을 다 바른 뒤 안쪽으로 말리는 부분에 칼집을 2~3군데 넣는다.

11

앞쪽의 유산지를 들어 올리면서 김밥 말듯이 케이크 시트를 만다. 제일 안쪽으로 들어가는 칼집을 넣은 시트 부분을 손으로 살짝 안쪽으로 밀어 넣으면서 말고, 다 말리면 자로 밀어가며 종이호일을 잡아당겨 케이크를 살짝 조이면서 다듬는다. 맨 끝부분이 잘 붙도록 바닥으로 가게 해서 1시간 이상 냉장고에 넣어 굳힌다.

비스퀴롤케이크
Biscuit Roll Cake

재료는 매우 간단하지만 모양은 어떤 롤케이크와 비교해도 뒤지지 않을 만큼 예쁜 비스퀴롤케이크예요. 달걀 이외에 다른 수분은 사용하지 않아서 수분이나 유지가 많이 들어가는 일반 롤케이크에 비해 탄력이 좋고, 약간 쫀쫀하면서 부드러운 식감을 지녔어요. 짤주머니에 반죽을 넣고 짜서 반죽 모양이 그대로 살아 있으며, 슈거파우더를 듬뿍 뿌린 겉부분에 자연스럽게 크랙이 생겨서 아주 고급스럽답니다. 상큼한 요구르트생크림을 샌드해보세요. 새콤달콤한 라즈베리와 잘 어울리는 깔끔한 케이크를 맛볼 수 있답니다.

36×26×4cm 직사각 틀 1개 분량
200℃ | 10~15분

박력분 ························· 90g

달걀노른자 ················ 4개
설탕 ························· 60g
소금 ························· 1g

달걀흰자 ················· 4개
설탕 ························· 50g

바닐라엑스트랙 ················ 5g

요구르트생크림(p.117 참조) ······
··················· 적당량

슈거파우더 ·········· 적당량
토핑용 라즈베리 ·· 적당량(30~40알)

* 달걀은 실온에 둔다.
* 오븐은 200℃로 예열한다.
* 믹싱볼이 들어갈 넓은 그릇에 따뜻한
물을 담아 준비한다.
* 박력분 대신 중력분을 사용할 수 있다.

Process

1 달걀의 노른자와 흰자를 분리해서 각각 믹싱볼에 담는다. 가루류는 체에 두세 번 정도 친다.

2 짤주머니에 지름 1cm 원형 깍지를 끼워서 준비한다.

3 노른자에 설탕과 소금을 넣고 중탕으로 설탕을 녹인 뒤 핸드믹서나 스탠드믹서를 사용해서 거품 자국이 그대로 남아 있는 정도까지 노른자 거품을 올린다. 거품이 완성되면 느린 속도로 조금 더 휘핑해서 거품 입자를 균일하게 정리한다.

4 깨끗한 믹싱볼에 담긴 흰자를 핸드믹서나 스탠드믹서로 휘핑한다. 흰자가 하얗게 변하면서 거품이 올라오기 시작하면 설탕을 세 번에 나눠 넣으면서 휘핑해 머랭을 올린다. 거품기를 들어 올렸을 때 거품이 빳빳하게 서 있으면서 끝부분은 뾰족하고, 뾰족한 끝부분이 앞으로 구부러지는 정도까지 머랭을 올린다.

5 노른자 거품에 머랭을 1/3 정도 덜어 넣고 스패출러를 사용해서 골고루 섞는다.

6 노른자 거품에 가루류를 넣은 뒤 스패출러로 믹싱볼 옆면을 깨끗이 긁으면서 아래로 내려가 믹싱볼 바닥을 긁으면서 거품을 위로 퍼 올리는 동작을 반복하여 가루를 섞는다.

7

가루류가 대충 섞이면 바닐라엑
스트랙을 넣고 골고루 섞는다.

8

남겨둔 머랭을 두 번에 나눠 넣고
섞는다. 믹싱볼 옆면을 깨끗이 정
리하면서 반죽을 위로 퍼 올리듯
골고루 섞는다.

9

완성된 반죽을 짤주머니에 모두
넣고 유산지를 깐 틀에 대각선 방
향으로 균일하게 짠다.

10

체를 사용해서 슈거파우더를 반죽
위에 골고루 뿌린 뒤 1분 간격으로
슈거파우더를 한 번 더 뿌린다.

11

200℃로 20분 이상 충분히 예열
한 오븐에서 10~15분 정도 구운
뒤 바로 틀에서 빼내 식힌다.

12

시트 속에 넣을 라즈베리를 깨끗
이 씻어서 키친타월로 물기를 완
벽하게 제거한다.

Tip

1 비스퀴롤케이크는 머랭의 단단한 정도에 따라 모양
이 입체감 있게 만들어집니다. 머랭 거품이 꺼져 반
죽이 묽은 상태에서 팬에 짜게 되면 형태가 퍼져서
납작하고 뭉그러진 모양이 되니, 거품을 섞을 때 꺼
지지 않도록 주의하세요.

2 요구르트생크림을 샌드할 때는 맨 안쪽으로 들어가
는 부분을 조금 도톰하게 바른 뒤 나머지 부분은 최
대한 얇게 바르는 것이 좋아요. 생크림에 플레인 요

구르트가 들어가 크림 상태가 묽기 때문에 너무 많
이 바르면 완성된 케이크가 축축해진답니다. 적당
하게 샌드해서 차갑게 굳혀야 깔끔하게 즐길 수 있
습니다.

3 라즈베리 대신 계절 과일이나 다양한 과일 믹스, 통
조림 과일을 사용해도 좋아요. 단, 반드시 물기를 완
전하게 제거하고 사용해야 크림이 흘러내리지 않는
다는 걸 기억하세요.

13

시트가 완전히 식으면 슈거파우더를 뿌린 겉부분이 밑으로 가게 한 뒤 요구르트생크림을 골고루 바른다. 안쪽으로 들어가는 시트 부분에 크림을 도톰하게 바르고 끝으로 갈수록 얇게 바른다.

14

요구르트생크림 위에 물기 뺀 라즈베리를 적당한 간격으로 올린다.

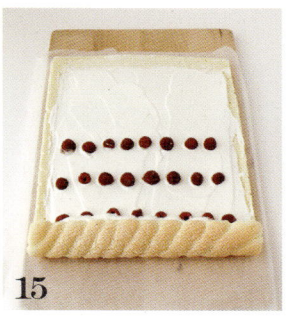

15

안쪽으로 들어가는 시트 부분을 먼저 살짝 구부려서 자리를 잡아 접는다.

16

앞쪽의 유산지를 들어 올리면서 김밥 말듯이 케이크 시트를 만다. 제일 안쪽 부분을 손으로 살짝 밀어 넣으면서 말고, 다 말리면 자로 밀어가며 종이호일을 잡아당겨 케이크를 살짝 조이면서 정리한다.

17

케이크 맨 끝부분이 잘 붙도록 바닥으로 가게 해서 종이호일로 감싼 뒤 1시간 이상 냉장고에 넣어 굳힌다.

아몬드비스퀴
Almond Biscuit

가볍고 폭신한 비스퀴 반죽에 고소한 아몬드파우더를 넣어 구워보
세요. 입안에 넣으면 쫀쫀하면서도 부드럽게 사르르 녹는 식감에 촉
촉하고 고소한 맛이 더해진 진한 비스퀴가 만들어진답니다. 동그랗
게 짜서 구운 뒤 생크림을 샌드해서 파이처럼 만들어 아이들에게 주
면 완전 인기 만점인 엄마표 간식이 되지요.

지름 5~6cm 원형 12~14개 분량
180℃ | 10~15분

박력분	50g
아몬드파우더	10g
달걀노른자	2개
설탕	30g
소금	0.5g
달걀흰자	2개
설탕	35g
바닐라엑스트랙	3g
생크림(p.116 참조)	적당량
슈거파우더	적당량

* 달걀은 실온에 둔다.
* 오븐은 180℃로 예열한다.
* 그릇에 따뜻한 물을 담아 준비한다.
* 박력분 대신 중력분을 사용할 수 있다.

Process

1 달걀의 노른자와 흰자를 분리해서 각각 믹싱볼에 담는다. 밀가루와 아몬드파우더는 체에 두세 번 정도 친다.

2 짤주머니에 지름 2.5cm 원형 깍지를 끼워 컵에 고정시켜 준비한다.

3 노른자에 설탕과 소금을 넣고 중탕으로 설탕을 녹인 뒤 핸드믹서나 스탠드믹서를 사용해서 거품 자국이 그대로 남아 있는 정도까지 노른자 거품을 올린다. 거품이 완성되면 느린 속도로 조금 더 휘핑해서 거품 입자를 균일하게 정리한다.

4 깨끗한 믹싱볼에 담긴 흰자를 핸드믹서나 스탠드믹서로 휘핑한다. 흰자가 하얗게 변하면서 거품이 올라오기 시작하면 설탕을 세 번에 나눠 넣으면서 휘핑해 머랭을 올린다. 거품기를 들어 올렸을 때 거품이 빳빳하게 서 있으면서 끝부분은 뾰족하고, 뾰족한 끝부분이 앞으로 구부러지는 정도까지 머랭을 올린다.

5 노른자 거품에 머랭을 1/3 정도 덜어 넣고 스패츌러를 사용해서 골고루 섞는다.

6 노른자 거품에 가루류를 넣은 뒤 스패츌러로 믹싱볼 옆면을 깨끗이 긁으면서 아래로 내려가 믹싱볼 바닥을 긁으면서 거품을 위로 퍼 올리는 동작을 반복하여 가루를 섞는다. 가루류가 대충 섞이면 바닐라엑스트랙을 넣고 골고루 섞는다.

7

남겨둔 머랭을 두 번에 나눠서 넣고 반죽을 위로 퍼 올리듯 골고루 섞는다.

8

머랭이 뭉침 없이 골고루 섞이도록 한다.

9

완성된 반죽을 컵에 고정시킨 짤주머니에 담는다.

10

유산지를 깐 틀에 4cm 정도의 간격을 두고 지름 5~6cm 크기로 반죽을 짠다.

11

180℃로 20분 이상 충분히 예열한 오븐에서 10~15분 정도 구운 뒤 비스퀴를 얹은 유산지째 식힘망에 올려 식힌다. 비스퀴가 적당히 식으면 조심스레 유산지를 뗀 뒤 미리 준비한 생크림을 한쪽 비스퀴 안쪽에 가볍게 샌드하고 또 다른 비스퀴를 맞붙인다. 먹기 전 슈거파우더를 뿌려서 예쁘게 장식한다.

바나나스펀지케이크
Banana Sponge Cake

향긋하고 달콤한 바나나와 시나몬파우더를 넣어 스펀지케이크를 구우면 아몬드파
우더의 고소함과 촉촉함이 더해져 풍미가 그만이지요. 바나나는 단맛이 숙성된 부
드러운 바나나를 사용해야 최상의 결과를 얻을 수 있어요. 바나나스펀지케이크는
우유와 함께 먹으면 정말 맛있는 아이들 간식이랍니다.

윗지름 9.5/아랫 지름 6×
높이 5cm 빅 머핀틀 5개 분량
180℃ | 20~25분

박력분	60g
아몬드파우더	30g
시나몬파우더	1g
베이킹파우더	1g
달걀노른자	3개
설탕	55g
소금	1g
달걀흰자	3개
설탕	45g
바나나	80g
우유	10g
다크럼	5g
꿀	10g

* 달걀과 우유는 실온에 둔다.
* 바나나는 숙성되어 껍질에 검은 반점이
  생기기 시작한 부드러운 상태의 것으로
  준비한다.
* 오븐은 180℃로 예열한다.
* 그릇에 따뜻한 물을 담아 준비한다.
* 박력분 대신 중력분을 사용할 수 있다.

Process

1
모든 재료는 전자저울을 사용하여 정확하게 계량한다. 밀가루와 아몬드파우더, 시나몬파우더, 베이킹파우더는 모두 섞어서 체에 두세 번 정도 친다. 달걀의 흰자와 노른자는 분리해서 각각 믹싱볼에 담는다.

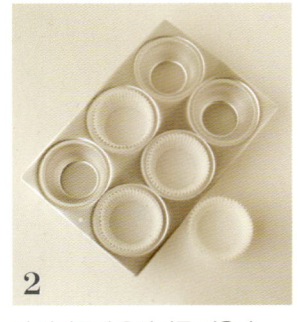

2
빅 머핀틀에 유산지를 끼운다.

3
바나나와 꿀, 우유는 섞어서 믹서에 곱게 간다.

4
노른자에 설탕과 소금을 넣고 중탕으로 설탕을 녹인 뒤 핸드믹서나 스탠드믹서를 사용해서 거품 자국이 그대로 남아 있는 정도까지 노른자 거품을 올린다. 거품이 완성되면 느린 속도로 조금 더 휘핑해서 거품 입자를 균일하게 정리한다.

5
노른자 거품에 ③과 럼을 넣고 골고루 섞는다.

6
깨끗한 믹싱볼에 담긴 흰자를 핸드믹서나 스탠드믹서로 휘핑한다. 흰자가 하얗게 변하면서 거품이 올라오기 시작하면 설탕을 세 번에 나눠 넣으면서 휘핑해 머랭을 올린다.

x x x x x x x x x x x

Tip
바나나는 반드시 완전히 숙성되어 부드러운 것을 사용하세요. 숙성되지 못한 단단한 바나나는 떫은맛이 날 수 있어요.

7

⑤의 노른자 거품에 머랭을 1/3 정
도 덜어 넣고 스패출러를 사용해
서 믹싱볼 옆면과 바닥을 긁는 느
낌으로 골고루 섞는다.

8

머랭이 적당히 섞이면 가루류를
넣고 골고루 섞는다. 가루류가 바
닥에 뭉쳐서 거품이 꺼지지 않도
록 볼 바닥을 긁어가며 반죽을 골
고루 섞는다.

9

남겨둔 머랭을 두 번에 나눠서 반
죽에 넣는다. 믹싱볼 옆면과 바닥
을 스패출러로 긁으면서 아래에
서 위로 반죽을 퍼 올리듯 섞는다.

10

완성된 반죽은 머랭이 완전하게 섞
인 상태로, 반죽을 떠보았을 때 떨
어진 반죽 자국이 반죽에 남아 있
는 정도의 농도를 유지해야 한다.

11

유산지를 끼운 빅 머핀틀에 반죽
을 패닝한 뒤 가는 나무 꼬치나 젓
가락으로 반죽을 저어 틀에 반죽
이 골고루 담기게 한다. 틀째 바닥
에 두세 번 탁탁 내리쳐서 거품들
을 균일하게 정리한 뒤 180℃로
20분 이상 충분히 예열한 오븐에
서 20~25분 정도 굽는다.

케이크 장식에 사용하는 각종 크림

거품형 케이크에 장식이나 필링으로 많이 쓰이는 크림 레시피입니다. 프로스팅으로 다양하게
사용될 만큼 활용도가 높은 것들로, 기호에 맞는 것을 선택하면 됩니다. 롤케이크의 샌드용 크림이나 컵케이크의 프로스팅,
데커레이션케이크까지, 여러 종류의 크림으로 다양한 케이크 맛을 즐겨보세요.

1 생크림 *Fresh Cream*

거품형 케이크나 시폰케이크 장식에 가장 많이 사용하며, 롤케이크의 필링으로도 사용하는 크림입니다.

Recipe

지름 18cm 원형
스펀지케이크 1개 장식할 분량

생크림(휘핑크림)	400g
설탕	30~40g
다크럼	15g
레몬즙	10g

Process

1 차게 냉장 보관한 생크림, 설탕과 레몬즙을 믹싱볼에 넣고 거품기로 거품을 올린다. 너무 빠르지 않은 중간 속도로 올린다.

2 거품기를 들어보아 거품 끝이 뾰족하며 빳빳하게 서는 정도까지 거품을 올린다. 마지막에 럼을 넣고 골고루 섞어 크림을 완성한다.

tip

1 생크림을 지나치게 휘핑하면 크림이 거칠어지면서 수분과 유지가 분리됩니다. 표면이 거친 크림을 사용할 경우 케이크 장식이 예쁘게 되지 않으니, 오버 믹싱하지 않도록 주의하세요.

2 생크림에 레몬즙을 섞으면 좀 더 단단하게 크림화됩니다.

3 생크림을 마무리할 때 럼을 조금 섞으면 느끼한 맛이 없어지고 깔끔하게 마무리됩니다.

4 설탕은 보통 생크림 양의 10% 내외로 넣으세요. 단맛은 각자 입맛에 맞춰 조금씩 변형하면 됩니다.

2 요구르트생크림 *Yoghurt Fresh Cream*

비스퀴롤케이크에 샌드한 크림입니다. 그 밖에 다양한 롤케이크에 사용해보세요. 일반 생크림보다 상큼하고 깔끔한 맛이 특징입니다.

Recipe

거품형 케이크 별립법으로 만든
비스퀴롤케이크 1개 샌드할 분량

생크림 ·······················150g
설탕 ··························15g
무가당 플레인 요구르트 ·····60g
레몬즙 ························10g

Process

1 생크림과 요구르트는 차가운 상태로 냉장 보관한 것을 준비한다.

2 차게 냉장 보관한 생크림, 설탕과 레몬즙을 믹싱볼에 넣고 거품기로 거품을 올린다. 너무 빠르지 않은 중간 속도로 올린다. 거품이 단단하게 올라오면 요구르트를 넣고 거품을 좀 더 올린다.

3 요구르트생크림은 일반 생크림보다 묽기 때문에 롤케이크에 샌드하기 전까지 냉장고에 넣어 좀 더 단단해지도록 한 뒤 사용한다.

3 바닐라버터크림 *Vanilla Butter Cream*

프로스팅으로 다양하게 사용하는 크림입니다. 롤케이크에 샌드용으로, 컵케이크나 머핀 위에 장식용으로 올려도 되고, 생일 케이크에 샌드하면 예쁜 모양과 맛을 낼 수 있어서 활용도가 매우 높은 기본 크림이지요.

Recipe

거품형 케이크 별립법으로 만든
초콜릿롤케이크 1개 샌드할 분량

버터 ························100g
슈거파우더 ··············200g
우유 ·······················40g
바닐라엑스트랙 ·············5g

Process

1 버터는 미리 실온에 꺼내두어 부드러운 상태로 준비한다.

2 핸드믹서를 사용하여 버터를 부드럽게 푼 뒤 슈거파우더를 넣고 계속해서 믹싱한다. 시간을 들여 믹싱하다 보면 상태가 점점 부드러워지면서 볼륨이 생긴다.

3 버터크림에 볼륨이 생기면서 연한 미색으로 변하고 풍부한 크림 상태가 되면 우유를 조금씩 넣으면서 농도를 조절한 다음 바닐라엑스트랙을 넣고 골고루 섞는다. 충분한 믹싱으로 부드러운 마요네즈 정도의 농도와 색상이 되면 버터크림이 완성된 것이다. 완성된 크림은 냉장고에 보관해두고 사용한다.

④ 모카버터크림 *Mocha Butter Cream*

커피 향이 은은한 버터크림으로, 모카롤케이크에 샌드용으로 사용한 크림입니다. 일반적인 프로스팅으로 다양하게 사용할 수 있습니다.

Recipe

거품형 케이크 별립법으로 만든 모카롤케이크 1개 샌드할 분량

버터	100g
슈거파우더	200g
우유	40g
인스턴트커피	10g
바닐라엑스트랙	5g

Process

1
버터는 미리 실온에 꺼내두어 부드러운 상태로 준비한다. 우유는 미지근하게 데워서 인스턴트커피를 넣고 골고루 녹인 뒤 식힌다.

2
핸드믹서를 사용하여 버터를 부드럽게 푼 다음 슈거파우더를 넣고 계속해서 믹싱한다. 시간을 들여 믹싱하다 보면 상태가 점점 부드러워지면서 볼륨이 생긴다.

3
버터크림에 볼륨이 생기면서 연한 미색으로 변하고 풍부한 크림 상태가 되면 커피우유액을 조금씩 넣으면서 농도를 조절한 다음 바닐라엑스트랙을 넣고 골고루 섞는다. 충분한 믹싱으로 부드러운 마요네즈 정도의 농도와 색상이 되면 모카버터크림이 완성된 것이다. 완성된 크림은 냉장고에 보관해두고 사용한다.

5 바닐라럼시럽 *Vanilla Rum Syrup*

장식용 케이크에 생크림을 샌드하기 전 촉촉하게 발라주는 시럽으로, 케이크의 부드러운 식감을 만드는 데 도움을 줍니다.
바닐라엑스트랙과 럼을 넣고 시럽으로 마무리하면 깊은 풍미까지 생겨서 한결 향긋하고 촉촉한 생크림케이크를 맛볼 수 있지요.

Recipe

설탕	100g
생수	200g
다크럼	5g
바닐라엑스트랙	5g

Process

1

럼과 바닐라엑스트랙을 섞는다.

2

생수에 설탕을 넣은 뒤 젓지 말고 그대로 중간 불에 올린다. 설탕을 저으면 덩어리가 생길 수 있으니 절대 설탕을 젓지 말고 설탕이 완전히 녹아 투명한 시럽이 될 때까지 보글보글 끓인다.

3

설탕이 완전히 녹아 투명한 시럽이 되면 바닐라엑스트랙과 럼 섞은 것을 넣고 다시 한 번 섞은 뒤 불을 끄고 완전히 식힌다.

A

A

Chiffon
Type
Cake

B

C

A

L

Part 3

시폰형 케이크

U

T

K

E

Intro
시폰형 케이크란?

시폰형 케이크, 즉 시폰케이크는 1900년대에 들어와서 거품형 케이크와 반죽형 케이크의 장점을 결합한 새로운 형태로 출현하여 큰 인기를 끌고 있는 케이크입니다. 시폰형 케이크는 스펀지케이크라고 불리는 거품형 케이크에 비해 식물성 오일과 수분(물이나 우유, 기타 액체 재료) 배합률이 높기 때문에 식감이 매우 촉촉하고 부드러운 것이 특징입니다.

시폰케이크는 언뜻 보기에 일반적인 거품형 케이크와 만드는 기법이 비슷한 것 같지만, 분명한 차이가 있습니다. 앞서 설명했듯 거품형 케이크는 공립법과 별립법이라는 두 가지 기법으로 나뉘는데, 그중 흰자로 머랭을 만들어 케이크의 볼륨을 살리는 별립법이 시폰케이크와 닮았습니다. 그러나 똑같이 흰자와 노른자를 분리해서 만들더라도 별립법은 노른자와 흰자 각각을 모두 최대한 거품을 올려서 섞는 반면, 시폰케이크의 경우 흰자만 거품을 올리고 노른자는 거품을 올리지 않은 채 흰자를 제외한 모든 재료와 골고루 섞어 반죽을 만든 뒤 흰자 거품을 섞는 차이가 있습니다.

또 다른 차이점은 케이크 구조에 있습니다. 시폰케이크는 배합 성분 중 식물성 오일과 수분 함량이 높아 촉촉하고 부드럽지만 그만큼 구조가 약하기 때문에 케이크 자체가 반죽의 무게를 이기지 못해 주저앉을 수 있습니다. 그래서 베이킹파우더 같은 화학 팽창제의 힘을 빌려 볼륨을 키워야 안정적인 케이크가 만들어집니다. 간혹 거품형 케이크도 반죽의 안정성을 위해 소량의 화학 팽창제를 사용하는 경우가 있지만 그 의존도는 아주 미미합니다. 하지만 시폰케이크에 있어서 화학 팽창제는 케이크의 구조를 안정적으로 뒷받침하는 수단이 되기 때문에 매우 중요한 역할을 합니다.

시폰케이크는 일반적인 원형 틀이나 사각 틀처럼 한 판으로 된 케이크틀에 굽기에는 어려움이 많습니다. 다량의 수분과 식물성 오일의 배합으로 인해 반죽의 구조가 약하기 때문에, 케이크가 오븐에서 구워질 때 열전달이 가장 늦은 한가운데 부분에 아직 익지 않은 반죽이 몰리면 그 무게를 이기지 못하고 주저앉아 가운데가 꺼지는 현상이 생깁니다. 따라서 시폰케이크는 가운데에 빈 기둥이 있는 전용 틀을 사용해야 합니다. 여기서 중요한 또 한 가지, 시폰케이크 전용 틀을 사용할 때는 일반 케이크를 구울 때처럼 케이크를 틀에서 잘 분리하기 위해 유산지를 깔

거나 틀에 유지를 바르는 등의 과정을 거치지 말아야 한다는 점입니다. 대신 스프레이로 물을 뿌린 뒤 반죽을 패닝하게 되는데요. 그 이유 또한 시폰케이크의 구조 때문입니다. 시폰케이크는 구조가 매우 약하고 반죽이 무겁기 때문에 지지할 곳이 없으면 볼륨이 주저앉을 수밖에 없습니다. 이때 반죽이 시폰케이크 전용 틀을 지지대 삼아 틀에 달라붙으면 그 힘으로 볼륨을 지탱할 수 있게 됩니다. 그런데 유산지를 깔거나 유지를 코팅한 뒤 반죽을 넣고 구우면 반죽이 틀에 달라붙지 못해 틀이 고정된 지지대 역할을 할 수 없기 때문에 케이크가 안쪽으로 수축되어 쪼그라드는 현상이 생깁니다.

시폰케이크는 오븐에서 꺼내면 온도가 급격하게 떨어지고 케이크 내부에서 팽창해 있던 열기가 빠져나가면서 부풀어 올랐던 모양이 꺼지게 됩니다. 이때는 시폰케이크를 오븐에서 꺼내자마자 틀째 바닥에 살짝 떨어뜨려 충격을 준 뒤 뒤집어서 식혀 과도하게 볼륨이 꺼지는 것을 방지해야 합니다.

시폰케이크의 다양한 레시피 과정 사진과 설명을 꼼꼼히 읽으세요. 특히 기본 레시피인 바닐라시폰케이크에 기본적인 과정들과 주의사항 등 중요한 부분들을 자세하게

표기했으니, 겹치는 부분이 있더라도 반복해서 읽기를 바랍니다. 기본 과정을 잘 알면 각각의 레시피는 달라도 만들 때마다 실패하지 않고 안정적인 결과물을 얻을 수 있습니다.

어느 한 가지만 잘한다고 성공적인 베이킹이라고 말할 수는 없습니다. 다양한 레시피에서 안정적이고 고른 결과물을 만들 수 있을 때 비로소 성공적이라고 할 수 있지요. 만들 때마다 실패와 성공을 반복한다면 우선 부족한 부분을 찾아내고 좀 더 손에 익도록 꾸준히 만들어서 안정적인 결과물을 얻는 것이 중요합니다. 베이킹은 꾸준히, 안정적으로 하는 것이 가장 좋습니다.

바닐라시폰케이크
Vanilla Chiffon Cake

프랑스어로 '비단'이라는 뜻을 가진 '시폰'처럼 부드럽고 우아한 케이크입니다.
촉촉하면서도 부드러운 맛이 일품이라 생크림 데커레이션 없이 그 자체만으로도 깔끔하고
맛있게 즐길 수 있습니다. 시폰케이크의 촉촉함과 부드러움은
많은 양의 식물성 오일과 수분의 배합에 의해 만들어지는데, 재료가 간단하고 만드는 법도
거품형 케이크처럼 까다롭지 않아 가정에서 자주 만들 수 있는 케이크입니다.

Recipe

윗지름 16.5×8cm
시폰틀 1개 분량
170℃ | 35~40분

중력분	80g
베이킹파우더	2g

달걀노른자	3개
포도씨유	55g
우유	50g
설탕	30g
소금	1g
바닐라엑스트랙	5g

달걀흰자	4개
설탕	45g

* 달걀과 우유는 실온에 둔다.
* 오븐은 170℃로 예열한다.

1

모든 재료는 전자저울을 사용하여 정확하게 계량한다. 밀가루와 베이킹파우더는 함께 계량하고, 우유와 달걀은 실온에 두어 찬기를 없애고, 오일은 특별한 향이 없는 포도씨유로 준비한다.

2

달걀의 흰자와 노른자를 분리하여 각각 볼에 담는다. 흰자를 담을 볼은 물기나 기타 이물질이 없는 상태로 준비한다. 달걀의 노른자와 흰자를 분리할 때 노른자가 터져서 흰자에 섞이지 않도록 특별히 주의해야 하는데, 흰자는 노른자나 다른 이물질이 조금이라도 섞이면 머랭이 만들어지지 않기 때문이다.

3

밀가루와 베이킹파우더는 함께 섞어서 체에 두세 번 친다. 밀가루는 케이크를 만들기 직전 체에 치는 것이 좋으며, 체에 친 뒤 달걀 거품에 섞기 전까지 다시 뭉치지 않게 보관해야 한다.

4

노른자를 담은 볼에 설탕과 소금을 넣고 거품기로 골고루 섞는다.

5

핸드믹서나 스탠드믹서를 사용할 경우 중속 또는 저속으로 믹싱한다. 거품기로 할 경우에도 거품을 올리는 것이 아니므로 적당한 속도로 저어 섞는다. 노른자 색이 옅어지고 설탕이 녹을 때까지 섞는다.

6

설탕이 어느 정도 녹으면 포도씨유를 천천히 흘려 넣으면서 계속 섞는다. 한꺼번에 넣지 말고 거품기를 계속 돌리면서 한쪽 귀퉁이에서 조금씩 흘려 넣는다.

7

포도씨유가 골고루 섞이면 실온 상태의
우유를 포도씨유와 같은 방법으로 조금
씩 흘려 넣으면서 섞는다. 이때 노른자
반죽은 매우 물기가 많은 상태가 된다.

8

우유가 골고루 섞이면 바닐라엑스트랙을
넣고 섞는다.

9

모든 액체가 골고루 섞이면 밀가루를 넣
고 섞는다.

10

가루류를 섞을 때는 거품기로 천천히 한
쪽 방향으로 바닥을 긁으면서 섞는다. 이
리저리 휘젓지 말고 원을 그리면서 섞되,
볼 옆면과 바닥을 거품기로 긁으면서 깨
끗하게 정리하여 덩어리진 것 없이 매끈
하게 되도록 섞는다.

11

물기나 기타 이물질 없이 깨끗한 볼에 담
긴 흰자를 핸드믹서나 스탠드믹서로 휘
핑한다. 중속에서 휘핑하여 어느 정도 색
이 하얗게 변할 때까지 거품을 올린다.

12

흰자가 하얗게 변하며 거품이 올라오기
시작하면 설탕을 세 번에 나눠 넣으면서
머랭을 올린다. 처음부터 설탕을 전부 넣
지 말고 중간 중간에 나눠 넣어야 안정적
인 머랭을 만들 수 있다.

13

오버 믹싱이 되지 않도록, 머랭을 올리는 중간 중간에 휘핑을 멈추고 거품기를 들어 올려 머랭 상태를 확인한다. 거품기를 들어 올렸을 때 들어 올린 부분이 빳빳하고 뾰족하게 서 있으면서 뾰족한 끝부분이 앞으로 살짝 구부러지는 정도가 좋다.

14

노른자 반죽에 머랭을 1/3 정도 덜어 넣고 골고루 섞는다. 거품기를 사용해서 볼 옆면과 바닥을 긁는 느낌으로 골고루 섞는다. 여러 방향으로 휘저으며 섞지 말고 한쪽 방향으로 원을 그리면서 머랭이 안 보일 만큼만 섞는다.

15

나머지 머랭 중 1/2을 넣고 거품기로 천천히 저으면서 섞는다. 머랭이 안 보일 만큼만 섞어 오버 믹싱이 되지 않도록 한다.

16

나머지 머랭을 반죽에 넣고 스패출러로 11자를 긋듯이 움직이며 섞는다. 볼 옆면과 바닥을 깨끗하게 긁으면서 반죽을 아래에서 위쪽으로 퍼 올리듯 섞는다.

17

반죽을 너무 오랫동안 섞거나 휘저으면서 섞으면 머랭이 꺼져서 반죽에 물기가 많아지고 탄력이 없어지니 오버 믹싱이 되지 않도록 주의한다.

18

시폰틀 안쪽에 스프레이로 물을 듬뿍 뿌린다.

19

반죽을 패닝한 뒤 조심해서 틀째 바닥에 두세 번 살짝 내리치고 얇은 나무 꼬치나 젓가락으로 반죽을 두세 번 정도 저어 불규칙한 거품들을 정리한다. 나무 꼬치를 반죽 바닥에 닿을 만큼 깊게 내려 저으면 큰 거품들이 위로 올라오니 번거롭더라도 이 과정을 꼭 거치도록 한다. 거품을 정리해야 케이크 결이 고르게 나온다.

20

170℃로 20분 이상 충분히 예열한 오븐에 넣고 윗면 색이 진하게 날 때까지 35~40분 정도 굽는다. 가는 나무 꼬치나 젓가락으로 케이크 가운데 부분을 바닥까지 찔러서 반죽이 묻어나지 않으면 다 익은 것이다.

21

오븐에서 꺼내자마자 케이크가 주저앉는 것을 방지하기 위해 틀째 낮은 높이에서 바닥에 살짝 떨어뜨려 충격을 준 뒤 바로 뒤집어서 식힌다. 완전하게 식을 때까지 뒤집어서 식혀야 한다.

22

식은 시폰케이크에 나이프를 세워 시폰틀과 케이크 사이에 넣고 틀을 따라 돌려가며 케이크를 분리한다. 최대한 시폰틀쪽으로 나이프를 움직여서 케이크가 상하지 않도록 세심하게 분리한다.

23

둥근 시폰틀에서 케이크를 뺀 뒤 이번에는 나이프를 바닥 틀과 케이크 사이에 평행이 되게 넣고 틀을 따라 돌려가며 조심해서 분리한다.

24

마지막으로 기둥 부분도 같은 방법으로 나이프를 세워 분리한다. 이때 케이크가 절단되지 않도록 주의한다.

25

케이크를 틀째 뒤집은 뒤 조심해서 바닥 틀을 분리한다. 시폰케이크는 다른 케이크에 비해 구조가 매우 부드럽기 때문에 분리하는 도중 망가지는 경우가 종종 발생하니 주의해서 다룬다.

1 머랭을 만들기 위해 달걀의 흰자와 노른자를 분리할 때 노른자가 터져서 흰자에 섞이지 않도록 특히 주의하세요. 노른자에는 레시틴이라는 지방 성분이 들어 있어서 흰자에 소량이라도 섞일 경우 완전한 머랭이 만들어지지 않아요.

2 시폰케이크는 흰자 거품인 머랭과 베이킹파우더의 힘으로 부풀기 때문에 베이킹파우더를 사용하지 않는 일반 스펀지케이크보다는 실패율이 낮지만, 머랭을 제대로 올리지 못하면 폭신한 식감을 기대하기가 어려워요. 또한 머랭을 반죽에 넣고 섞을 때 오버 믹싱을 하게 되면 머랭이 과도하게 꺼져 반죽이 물처럼 묽어져서 제대로 된 반죽이 완성되지 않으니 주의하세요.(머랭에 관련된 부분은 p.93~94쪽의 거품형 케이크 별립법 부분을 참고하세요.)

3 노른자에 설탕을 섞을 때, 거품형 케이크는 설탕을 완전하게 녹여야 하지만 시폰케이크는 그렇게 하지 않아도 됩니다. 시폰케이크에는 많은 양의 수분이 들어가기 때문에 반죽 도중 설탕 대부분이 다 녹는답니다. 설탕은 노른자의 색이 엷어질 때까지 적당하게 섞고, 믹싱한 오일과 우유에 반죽을 넣고 골고루 섞으면서 설탕을 완전히 녹이세요.

4 시폰케이크는 거품형 케이크처럼 입자가 고운 백설탕을 사용하는 것이 좋습니다. 입자가 굵은 유기농 황설탕을 사용할 경우, 설탕이 채 녹지 않은 상태에서 반죽에 섞여 구워질 수 있어요. 유기농 황설탕을 사용하고자 할 때는 백설탕 정도의 입자가 되도록 믹서에 갈면 됩니다.

5 시폰케이크는 오븐 바깥에 나오면 케이크 내부에 팽창해 있던 열기가 빠져나가면서 주저앉게 됩니다. 그것을 막으려면 다 구운 케이크를 오븐에서 꺼내자마자 바로 뒤집어서 식히세요. 뒤집어서 식히면 수분 증발도 감소해 좀 더 촉촉한 식감을 살릴 수 있습니다.

6 시폰케이크를 틀에서 분리할 때, 나이프를 넣어 케이크를 먼저 틀에서 뗀 뒤 분리하는 방법 외에 또 한 가지 방법이 있는데, 바로 손으로 직접 케이크와 틀을 분리하는 것입니다. 손가락을 모아 틀과 붙어 있는 케이크의 맨 가장자리 부분을 안쪽으로 잡아당기면서 꾹꾹 눌러 분리하는 방법인데, 케이크가 적절하게 잘 구워진 상태라면 아주 깔끔하게 분리되지요. 하지만 가해지는 손의 힘이 불균형할 경우 케이크가 틀에서 제대로 분리되지 않고 일부분이 뜯겨나가는 경우가 생길 수도 있습니다. 초보자일 경우 나이프로 분리하는 것이 더 수월할 수 있으며, 어느 정도 손에 익으면 손으로 직접 분리하는 것도 좋습니다.

녹차시폰케이크
Green Tea Chiffon Cake

녹차 특유의 오묘한 맛 때문에 은근히 중독성이 있는 녹차시폰케이크는 고급스럽다는
말이 딱 맞는 케이크랍니다. 뒷맛으로 느껴지는 쌉싸래한 녹차 향과 맛이 좋을 뿐 아
니라, 진하고 싱그러운 녹색이 너무 예뻐서 먹기 아까울 지경이지요. 여기에 새하얀
생크림을 살짝 곁들이면 순식간에 입안에서 사르르 녹아 없어진답니다.

윗지름 16.5×8cm
시폰틀 1개 분량
170℃ | 35~40분

중력분 ……………………… 65g
말차(녹차)가루 …………… 5g
베이킹파우더 ……………… 2g

달걀노른자 ………………… 3개
포도씨유 …………………… 40g
우유 ………………………… 35g
설탕 ………………………… 25g
소금 ………………………… 1g
바닐라엑스트랙 …………… 5g

달걀흰자 …………………… 3개
설탕 ………………………… 65g

* 달걀과 우유는 실온에 둔다.
* 오븐은 170℃로 예열한다.

Process

1
모든 재료는 전자저울을 사용하여 정확하게 계량한다. 밀가루와 말차(녹차)가루, 베이킹파우더는 함께 계량해서 체에 두세 번 친다. 우유는 살짝 데워서 포도씨유과 섞는다.(각각 준비해서 넣어도 된다.) 달걀은 노른자가 터지지 않게 주의하면서 흰자와 분리해 각각 볼에 담는다.

2
노른자에 설탕과 소금을 넣고 노른자 색이 엷어지고 설탕이 적당히 녹을 때까지 섞는다.

3
설탕이 어느 정도 녹으면 포도씨유와 우유 섞은 것, 바닐라엑스트랙을 천천히 흘려 넣으면서 섞는다.

4
모든 액체가 골고루 섞이면 체에 친 가루류를 넣고 거품기로 볼 옆면을 깨끗이 긁어가며 섞는다. 덩어리진 것 없이 매끈한 반죽이 되도록 천천히 원을 그리며 섞는다.

5
물기나 기타 이물질 없이 깨끗한 볼에 담긴 흰자를 핸드믹서나 스탠드믹서로 중속에서 휘핑한다. 색이 하얗게 변하면서 거품이 올라오기 시작하면 설탕을 세 번에 나눠 넣으면서 머랭을 올린다.

6
머랭의 뾰족한 제일 끝부분이 앞으로 살짝 구부러지는 정도가 되면 완성된 것이다.

7

노른자 반죽에 머랭을 세 번에 나
눠 넣고 섞는다. 두 번째까지는 거
품기를 사용해서 한쪽 방향으로
천천히 원을 그리며 머랭이 안 보
일 만큼만 섞는다.

8

마지막 세 번째 섞을 때는 머랭을
넣고 스패츌러로 11자를 그리듯
섞는다. 바닥에 있는 반죽을 위로
퍼 올리는 과정을 반복하면서 볼
옆면을 깨끗이 긁어 머랭을 섞는
다. 반죽에 머랭 덩어리가 남아 있
지 않도록 주의하며 섞는다. 빠른
시간 내에 골고루 섞어야 머랭이
꺼지지 않는다.

9

시폰틀에 스프레이로 물을 골고
루 뿌린다.

10

시폰틀에 반죽을 패닝한 뒤 바닥에 살짝 내리치고 불규칙한 거품들이
꺼지도록 가는 나무 꼬치나 젓가락으로 원을 그리듯 두세 번 정도 저어
반죽을 고르게 정리한다. 170℃로 20분 이상 충분히 예열한 오븐에서
35~40분 정도 굽는다. 나무 꼬치로 케이크 가운데 부분을 바닥까지 찔
러서 잘 익었는지 확인한 뒤 낮은 높이에서 틀째 바닥에 살짝 떨어뜨려
충격을 주고 바로 뒤집어서 식힌다.

× ×

Tip

1 일반 녹차가루가 아닌 말차가루를 사용하면 색이 좀 더 곱고 선명한
케이크를 만들 수 있습니다. 녹차가루를 사용한 케이크는 말차가루
를 사용한 케이크에 비해 색이 탁하고 연하지요.

2 녹차 브랜드나 종류에 따라 케이크의 맛이나 향도 조금씩 차이가 납
니다. 평소 즐겨 먹는, 익숙한 말차(녹차)를 사용하면 좀 더 본인의 취
향에 맞는 맛과 향을 느낄 수 있어요.

단호박시폰케이크
Autumn Squash Chiffon Cake

단호박시폰케이크는 진한 단호박퓌레를 넣어 다른 시폰케이크에 비해 훨씬 더
촉촉하면서도 조금은 묵직한 느낌이 나는 케이크입니다. 황금빛이 도는 아주 진
한 노란색 시폰케이크가 무척이나 고급스러워 선물용으로 그만이랍니다.

윗지름 18×8cm 시폰틀 1개 분량
170℃ | 40~45분

중력분 ····················· 100g
시나몬파우더 ·············· 2g
베이킹파우더 ·············· 3g

달걀노른자 ··················· 4개
포도씨유 ···················· 40g
다크럼 ························· 5g
설탕 ·························· 50g
소금 ··························· 1g
바닐라엑스트랙 ··············· 5g

단호박 ······················ 100g
우유 ·························· 40g
꿀 ····························· 15g

달걀흰자 ···················· 5개
설탕 ·························· 60g

* 달걀과 우유는 실온에 둔다.
* 오븐은 170℃로 예열한다.

1
밀가루와 시나몬파우더, 베이킹파우더는 함께 계량하여 체에 두세 번 정도 친다. 달걀은 노른자가 터지지 않게 주의하면서 흰자와 노른자를 분리해 각각 볼에 담는다.

2
단호박은 쪄서 껍질을 벗기고 우유, 꿀과 함께 곱게 갈아 퓌레 상태로 만든다.

3
노른자에 설탕과 소금을 넣고 노른자 색이 엷어지고 설탕이 적당히 녹을 때까지 섞는다.

4
설탕이 어느 정도 녹으면 포도씨유를 천천히 흘려 넣으면서 섞는다. 겉도는 포도씨유가 없도록 거품기로 골고루 섞는다.

5
④에 단호박퓌레와 바닐라엑스트랙, 다크럼을 넣고 골고루 섞는다.

6
단호박퓌레가 골고루 섞이면 체 친 가루류를 넣고 매끈한 반죽이 되도록 거품기로 천천히 원을 그리며 섞는다.

7
물기나 기타 이물질 없이 깨끗한 볼에 담긴 흰자를 핸드믹서나 스탠드믹서로 중속에서 휘핑한다. 색이 하얗게 변하면서 거품이 올라오기 시작하면 설탕을 세 번에 나눠 넣어가며 머랭을 올린다.

8
⑥의 노른자 반죽에 머랭을 세 번에 나눠 넣고 섞는다. 두 번째까지는 거품기를 사용해서 한쪽 방향으로 천천히 원을 그리면서 머랭이 안 보일 만큼만 섞는다. 마지막 세 번째 섞을 때는 스패츌러를 사용해서 머랭을 골고루 섞는다.

9
반죽에 머랭 덩어리가 남아 있지 않도록 골고루 섞는다. 너무 과도하게 오랜 시간 반죽을 뒤적이면 머랭이 꺼질 수 있으니 최대한 빠른 시간 내에 큰 동작으로 반죽을 정리한다.

10

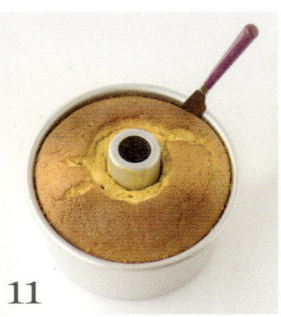
11

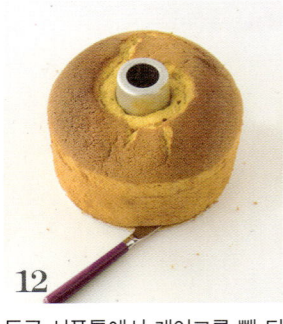
12

13

시폰틀에 스프레이로 물을 골고루 뿌리고 반죽을 패닝한 뒤 틀째 바닥에 살짝 내리쳐 불규칙한 거품들을 정리한다. 가는 나무 꼬치나 젓가락으로 원을 그리듯 두세 번 정도 반죽을 저은 뒤 170℃로 20분 이상 충분히 예열한 오븐에서 40~45분 정도 굽는다. 나무 꼬치로 케이크 가운데 부분을 바닥까지 찔러서 잘 익었는지 확인한 뒤 낮은 높이에서 틀째 바닥에 살짝 떨어뜨려 충격을 주고 바로 뒤집어서 식힌다.

케이크가 완전하게 식으면 케이크 옆면이 상하지 않도록 얇은 나이프로 케이크와 둥근 틀을 분리한다.

둥근 시폰틀에서 케이크를 뺀 뒤 이번에는 나이프를 바닥 틀과 케이크 사이에 평행이 되게 넣고 틀을 따라 돌려가며 조심해서 분리한다.

기둥 부분도 같은 방법으로 나이프를 세워 분리한 뒤 케이크를 뒤집어서 조심스럽게 틀을 뺀다. 시폰케이크는 구조가 매우 부드럽기 때문에 분리할 때 케이크가 망가질 수 있으니 주의한다.

× × × × × × × × × × × × × × × × × × ×

Tip

1 단호박은 덩어리진 것 없이 아주 고운 입자가 되도록 갈아서 준비하세요. 덩어리가 남아 있으면 케이크를 구웠을 때 그대로 케이크 속에 박혀 있을 수 있습니다.

2 단호박퓌레는 실온 상태에서 뜨거운 열기가 남아 있지 않도록 충분히 식혀 반죽에 넣으세요.

코코넛시폰케이크
Coconut Chiffon Cake

한입 베어 물면 입안에 퍼지는 향긋하고 폭신한 코코넛 시폰케이크. 코코넛 향기 때문에
케이크의 달콤함이 더 진하게 느껴진답니다. 배합하는 수분을 우유 대신 코코넛밀크로 넣
으면 맛이 한결 진하고 고소한 풍미도 업그레이드된 시폰케이크를 맛볼 수 있습니다.

윗지름 16.5×8cm
시폰틀 1개 분량
170℃ | 35~40분

중력분	70g
코코넛파우더	15g
베이킹파우더	2g
달걀노른자	3개
포도씨유	50g
무가당 코코넛밀크	50g
다크럼	5g
설탕	40g
소금	1g
달걀흰자	4개
설탕	40g

* 달걀과 코코넛밀크는 실온에 둔다.
* 오븐은 170℃로 예열한다.

Process

1
모든 재료는 전자저울을 사용하여 정확하게 계량한다. 밀가루와 베이킹파우더는 함께 계량해서 체에 두세 번 정도 친 뒤 코코넛파우더와 섞는다. 달걀은 노른자가 터지지 않게 주의하면서 흰자와 분리해 각각 믹싱볼에 담는다.

2
노른자에 설탕과 소금을 넣고 노른자 색이 엷어지고 설탕이 적당히 녹을 때까지 믹싱한다.

3
설탕이 어느 정도 녹으면 포도씨유를 천천히 흘려 넣으면서 믹싱한다. 겉도는 포도씨유가 없도록 거품기로 섞는다.

4
포도씨유가 골고루 섞이면 코코넛밀크와 다크럼을 넣고 다시 한 번 골고루 섞는다.

5
액체 반죽에 밀가루를 넣고 거품기를 사용해서 골고루 섞는다.

6
밀가루 덩어리가 없도록 골고루 섞고, 믹싱볼 옆면에 묻어 있는 반죽들을 깨끗이 긁으면서 반죽을 정리한다.

7 물기나 기타 이물질 없이 깨끗한 볼에 담긴 흰자를 핸드믹서나 스탠드믹서로 중속에서 휘핑한다. 색이 하얗게 변하면서 거품이 올라오기 시작하면 설탕을 세 번에 나눠 넣어가며 머랭을 올린다. 거품기로 머랭을 들어 올렸을 때 뾰족한 제일 끝부분이 앞으로 살짝 구부러지는 정도까지 머랭을 올린다.

8 노른자 반죽에 머랭을 세 번에 나눠 넣고 섞는다. 두 번째까지는 거품기를 사용해서 한쪽 방향으로 천천히 원을 그리면서 머랭이 안 보일 만큼만 섞는다. 마지막 세 번째 섞을 때는 스패츌러를 사용해서 머랭을 골고루 섞는다.

9 스패츌러를 사용해서 믹싱볼 옆면과 바닥을 깨끗하게 긁으면서 겉도는 재료 없이 균일하게 섞이도록 최대한 빠른 시간 내에 큰 동작으로 반죽을 정리한다.

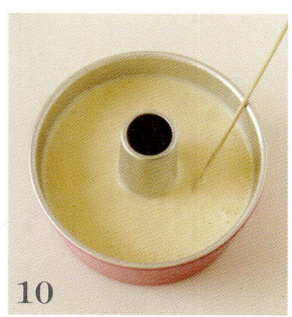

10 시폰틀에 스프레이로 물을 골고루 뿌리고 반죽을 패닝한 뒤 틀째 바닥에 살짝 내리쳐 불규칙한 거품들을 정리한다. 170℃로 20분 이상 충분히 예열한 오븐에 35~40분 정도 굽는다. 오븐에서 꺼내자마자 틀째 낮은 높이에서 바닥에 살짝 떨어뜨려 충격을 준 뒤 바로 뒤집어서 식힌다.

××××××××××××××××××××××

Tip

1 코코넛파우더는 입자가 고운 마른 가루 형태로 된 것을 사용하세요. 설탕에 절인 슬라이스코코넛은 사용하지 않습니다.

2 코코넛밀크는 당분이 가미되지 않은 것으로 준비하세요. 코코넛밀크가 없을 경우 우유로 대체할 수 있지만, 코코넛의 풍미는 덜하지요.

모카시폰케이크
Mocha Chiffon Cake

그윽한 커피 향을 지닌 모카시폰케이크는 어른들이 참 좋아하는 케이크
입니다. 생크림으로 간단하게 데커레이션을 하면 참 고급스런 선물이 되
지요. 생크림을 살짝 곁들여서 진한 에스프레소와 함께 즐겨보세요. 달지
않고 촉촉한 모카시폰케이크가 입안에서 사르르 녹아내린답니다.

윗지름 18×8cm 시폰틀 1개 분량
170℃ | 40~45분

중력분	··················	100g
베이킹파우더	··················	3g
달걀노른자	··················	4개
포도씨유	··················	60g
설탕	··················	35g
소금	··················	1g
바닐라엑스트랙	··················	5g
우유	··················	65g
인스턴트커피	··················	7g
달걀흰자	··················	5개
설탕	··················	65g

* 달걀과 우유는 실온에 둔다.

* 오븐은 170℃로 예열한다.

Process

1
모든 재료는 전자저울을 사용하여 정확하게 계량한다. 밀가루와 베이킹파우더는 함께 계량해서 체에 두세 번 정도 친다. 달걀은 노른자가 터지지 않게 주의하면서 흰자와 분리해 각각 믹싱볼에 담는다. 오일은 특별한 향이 없는 포도씨유를 사용한다. 우유는 살짝 데워서 인스턴트커피와 섞는다.

2
노른자에 설탕과 소금을 넣고 노른자 색이 엷어지고 설탕이 적당히 녹을 때까지 섞는다.

3
설탕이 어느 정도 녹으면 포도씨유를 천천히 흘려 넣으면서 믹싱한다. 겉도는 포도씨유가 없도록 거품기로 섞는다.

4
포도씨유가 골고루 섞이면 커피우유액과 바닐라엑스트랙을 넣고 고른 반죽이 되도록 다시 한 번 섞는다.

5
액체 반죽에 밀가루를 넣고 골고루 섞는다. 거품기를 사용해 믹싱볼 옆면을 깨끗이 긁으면서 덩어리진 것 없이 매끈한 반죽이 되도록 섞는다.

6
물기나 기타 이물질 없이 깨끗한 볼에 담긴 흰자를 핸드믹서나 스탠드믹서로 중속에서 휘핑한다. 색이 하얗게 변하면서 거품이 올라오기 시작하면 설탕을 세 번에 나눠 넣어가며 머랭을 올린다. 거품기로 머랭을 들어 올렸을 때 뾰족한 제일 끝부분이 앞으로 살짝 구부러지는 정도까지 머랭을 올린다.

7

노른자 반죽에 머랭을 세 번에 나
눠 넣고 섞는다. 두 번째까지는 거
품기를 사용해서 한쪽 방향으로
천천히 원을 그리면서 머랭이 안
보일 만큼만 섞는다. 마지막 세 번
째 섞을 때는 스패출러를 사용해
서 아래에서 위쪽으로 반죽을 퍼
올리듯 섞는다.

8

스패출러를 사용해서 믹싱볼 옆
면과 바닥을 깨끗하게 긁으면서
겉도는 재료 없이 균일하게 섞이
도록 최대한 빠른 시간 내에 큰 동
작으로 반죽을 정리한다.

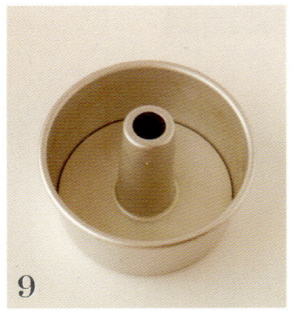

9

시폰틀에 스프레이로 물을 골고
루 뿌린다.

10

반죽을 패닝하고 바닥에 두세 번
살짝 내리친 뒤 불규칙한 거품들
이 꺼지도록 가는 나무 꼬치나 젓
가락으로 반죽을 두세 번 정도 저
어 고르게 정리한다. 170℃로 20
분 이상 충분히 예열한 오븐에
40~45분 정도 굽는다. 나무 꼬
치로 케이크 가운데 부분을 바닥
까지 깊이 찔러서 반죽이 묻어나
지 않으면 다 익은 것이다. 오븐에
서 꺼내자마자 케이크가 주저앉는
것을 방지하기 위해 틀째 낮은 높
이에서 바닥에 살짝 떨어뜨려 충
격을 준 뒤 바로 뒤집어서 식힌다.

Tip

인스턴트커피는 살짝 데운 우유에 완전히 녹여서 덩어리
진 것이 없게 사용해야 합니다. 간혹 우유가 차가워서 커피
알갱이가 녹지 않으면 완성된 케이크에 그대로 남아 있을
수 있어요.

05
Chiffon Type Cake

초콜릿시폰케이크

Chocolate Chiffon Cake

진하고 촉촉한 맛이 일품인 초콜릿시폰 케이크는 달콤 쌉싸래한 풍미가 좋아 자주 굽는 케이크 중 하나예요. 아이들 생일 케이크로도 안성맞춤이지요. 간단하게 생크림 장식을 해도 멋스럽지만, 케이크 윗면에 슈거파우더만 살짝 뿌려도 근사하답니다.

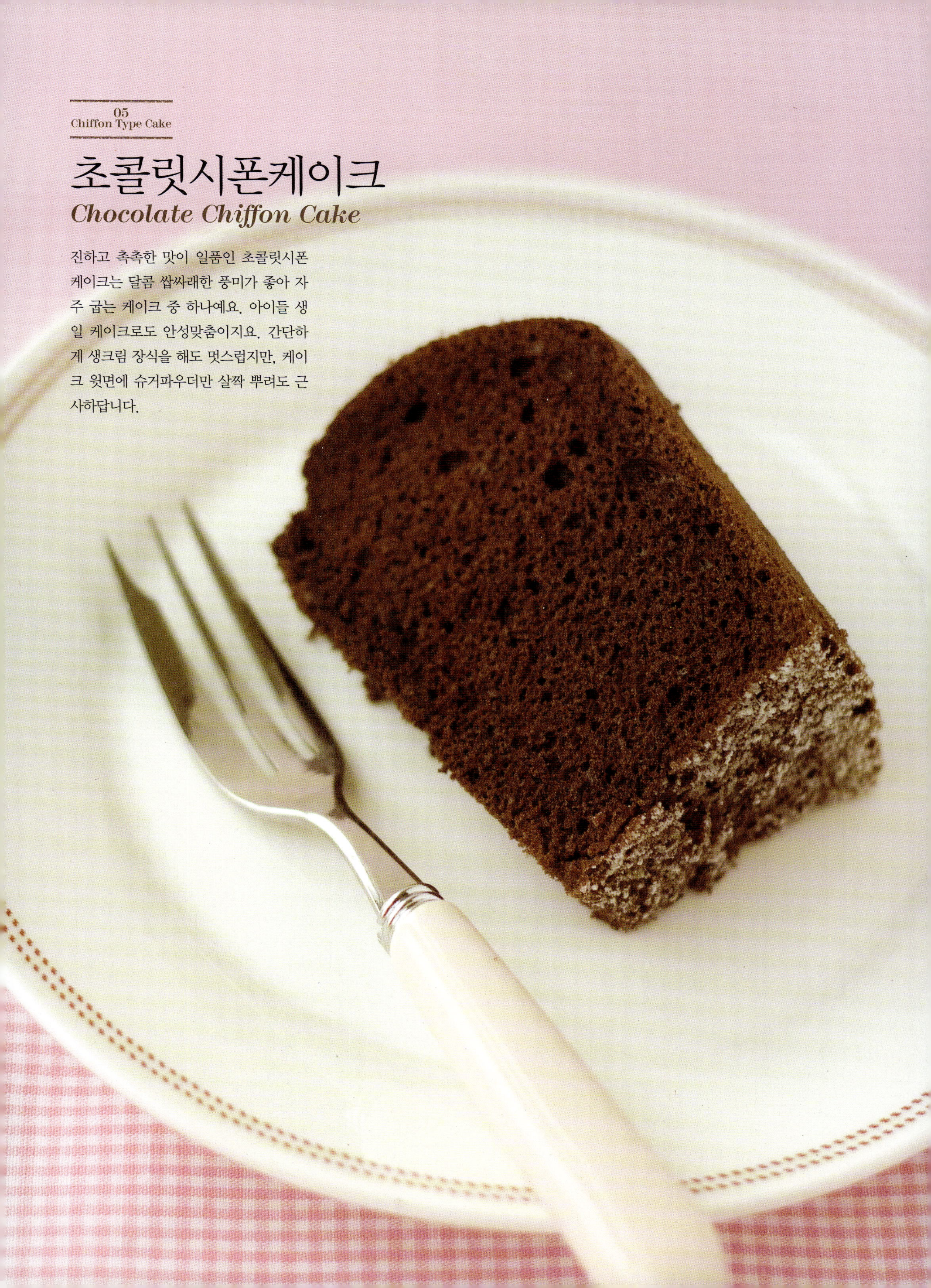

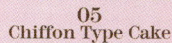

윗지름 16.5×8cm
시폰틀 1개 분량
170℃ | 35~40분

중력분	70g
코코아파우더	25g
베이킹파우더	1g
베이킹소다	1g
달걀노른자	3개
포도씨유	60g
우유	60g
설탕	30g
소금	1g
바닐라엑스트랙	5g
달걀흰자	4개
설탕	60g

* 달걀과 우유는 실온에 둔다.
* 오븐은 170℃로 예열한다.

Process

1 밀가루와 코코아파우더, 베이킹파우더와 베이킹소다는 함께 계량해서 체에 세 번 정도 친다. 달걀은 노른자가 터지지 않게 주의하면서 흰자와 분리해 각각 믹싱볼에 담는다. 우유는 미지근하게 데워서 포도씨유와 섞는다.(각각 준비해서 넣어도 된다.)

2 노른자에 설탕과 소금을 넣고 노른자 색이 엷어지고 설탕이 적당히 녹을 때까지 섞는다.

3 설탕이 적당히 녹으면 포도씨유와 우유 섞은 것, 바닐라엑스트랙을 천천히 흘려 넣으면서 겉도는 재료가 없도록 거품기로 골고루 섞는다.

4 액체 반죽에 가루류를 넣고 거품기로 매끈한 반죽이 되도록 천천히 원을 그리며 골고루 섞는다.

5 물기나 기타 이물질 없이 깨끗한 볼에 담긴 흰자를 핸드믹서나 스탠드믹서로 중속에서 휘핑한다. 색이 하얗게 변하면서 거품이 올라오기 시작하면 설탕을 세 번에 나눠 넣어가며 머랭을 올린다.

6 거품기로 머랭을 들어 올렸을 때 뾰족한 제일 끝부분이 앞으로 살짝 구부러지는 정도까지 머랭을 올린다.

×××××××××××××××××××××××××
Tip

1 머랭을 너무 단단하게 올리면 반죽에 섞을 때 오버 믹싱되어 오히려 머랭이 꺼질 수 있어요. 끝부분이 살짝 구부러지는 정도의 부드러움을 가진 머랭이 더 좋은 결과를 냅니다.
2 시폰케이크는 유지와 수분 배합률이 높아 구조가 매우 약하기 때문에 다 구운 뒤 시폰틀에서 분리할 때 케이크가 망가지는 경우가 종종 생깁니다. 아기처럼 조심조심, 세심하게 다루세요.

7

노른자 반죽에 머랭을 세 번에 나눠 넣고 섞는다. 두 번째까지는 거품기를 사용해서 한쪽 방향으로 천천히 원을 그리면서 머랭이 안 보일 만큼만 섞는다.

8

마지막 세 번째 섞을 때는 스패출러를 사용해서 아래에서 위쪽으로 반죽을 퍼 올리듯 섞으며 반죽을 정리한다.

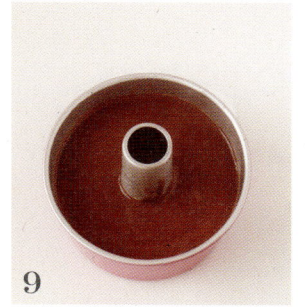

9

시폰틀에 스프레이로 물을 골고루 뿌리고 반죽을 패닝한다. 틀째 두세 번 살짝 내리친 뒤 불규칙한 거품들이 꺼지도록 가는 나무 꼬치나 젓가락으로 반죽을 두세 번 정도 저어 고르게 정리한다.

10

170℃로 20분 이상 충분히 예열한 오븐에 35~40분 정도 굽는다. 나무 꼬치로 케이크 가운데 부분을 바닥까지 깊이 찔러서 반죽이 묻어나지 않으면 다 익은 것이다. 오븐에서 꺼내자마자 케이크가 주저앉는 것을 방지하기 위해 틀째 낮은 높이에서 바닥에 살짝 떨어뜨려 충격을 준 뒤 바로 뒤집어서 식힌다.

11

케이크가 완전하게 식으면 얇은 나이프로 케이크 옆면을 둥근 틀에서 분리한다.

12

바닥 틀과 가운데 기둥도 나이프로 분리한 뒤 케이크를 뒤집어서 틀을 뺀다.

유자시폰케이크
Citron Chiffon Cake

상큼하고 향긋한 유자청을 넣어 은은한 유자 향이 배어 있는
유자시폰케이크입니다. 유자 과육을 갈아서 함께 넣으면 살짝
살짝 씹히는 맛을 느낄 수 있지요. 유자시폰케이크는 바닐라
시폰케이크와는 또 다른 식감의 순하고 깔끔한 맛을 지녀 질
리지 않고 자주 굽게 되는 케이크입니다.

윗지름 18×8cm 시폰틀 1개 분량
170℃ | 40~45분

중력분 ······················ 100g
베이킹파우더 ················· 3g

달걀노른자 ···················· 4개
포도씨유 ···················· 60g
다크럼 ······················ 5g
설탕 ······················· 35g
소금 ······················· 1g
바닐라엑스트랙 ··············· 5g

우유 ······················· 30g
유자청 ····················· 80g
레몬즙 ····················· 10g

달걀흰자 ···················· 5개
설탕 ······················· 55g

* 달걀과 우유는 실온에 둔다.
* 오븐은 170℃로 예열한다.

1 밀가루와 베이킹파우더는 함께 계량해서 체에 두세 번 정도 친다. 달걀은 노른자가 터지지 않게 주의하면서 흰자와 분리해 각각 믹싱볼에 담는다.

2 유자청에 우유와 레몬즙을 섞어서 믹서에 곱게 간다.

3 노른자에 설탕과 소금을 넣고 노른자 색이 엷어지고 설탕이 녹을 때까지 섞는다.

4 설탕이 적당히 녹으면 포도씨유를 천천히 흘려 넣으면서 섞는다. 이때 거품기로 믹싱볼 옆면을 긁어가며 골고루 섞는다.

5 곱게 간 유자액과 다크럼, 바닐라엑스트랙을 넣고 골고루 섞는다.

6 유자액이 노른자 반죽에 고루 섞이면 체에 친 가루류를 넣고 덩어리진 것 없이 매끈한 반죽이 되도록 골고루 섞는다.

7 믹싱볼 옆면에 섞이지 못한 재료들이 묻었는지 확인하고 거품기로 긁어가며 모든 재료가 골고루 섞이도록 저어 깔끔하게 반죽을 정리한다.

8 물기나 기타 이물질 없이 깨끗한 볼에 담긴 흰자를 핸드믹서나 스탠드믹서로 중속에서 휘핑한다. 색이 하얗게 변하면서 거품이 올라오기 시작하면 설탕을 세 번에 나눠 넣어가며 머랭을 올린다.

9 유자액을 골고루 섞은 노른자 반죽에 머랭을 세 번에 나눠 넣고 섞는다. 두 번째까지는 거품기를 사용해서 한쪽 방향으로 천천히 원을 그리면서 머랭이 안 보일 만큼만 섞는다.

10

마지막 세 번째 섞을 때는 스패출러를 사용해서 11자를 그으며 바닥에서 위로 반죽을 퍼 올리듯 섞는다.

11

반죽에 머랭 덩어리가 남아 있지 않도록 최대한 빠른 시간 내에 큰 동작으로 섞어 반죽을 정리한다.

12

시폰틀에 스프레이로 물을 골고루 뿌리고 반죽을 패닝한다. 틀째 두세 번 살짝 내리친 뒤 불규칙한 거품들이 꺼지도록 가는 나무 꼬치나 젓가락으로 반죽을 두세 번 정도 저어 반죽을 고르게 정리한다. 170℃로 20분 이상 충분히 예열한 오븐에서 40~45분 정도 굽는다. 오븐에서 꺼내자마자 케이크가 주저앉는 것을 방지하기 위해 틀째 낮은 높이에서 바닥에 살짝 떨어뜨려 충격을 준 뒤 바로 뒤집어서 식힌다.

× ×

Tip

1 유자청만 깔끔하게 걸러서 사용해도 좋지만, 유자 과육을 곱게 갈아 넣으면 한결 향긋한 맛과 향을 느낄 수 있습니다. 간혹 쓴맛이 강한 유자 과육이 있으니 주의해서 사용하세요.

2 머랭을 반죽에 최종적으로 섞을 때 오버 믹싱되어 거품이 꺼지면 반죽이 물처럼 묽어집니다. 머랭이 안 보일 만큼만 적당히 섞어야 하므로, 자주 만들면서 믹싱의 완성도를 체크하세요. 그래야 볼륨과 식감이 좋은 결과물을 얻을 수 있습니다.

바나나시나몬시폰케이크
Banana Cinnamon Chiffon Cake

달콤한 식감과 은은한 향을 가진 바나나와 시나몬파우더는 베이킹에 있어서 찰떡궁합을 자랑합니다. 이 두 가지 재료가 들어간 베이킹은 맛없는 결과물이 없을 정도로 최상의 맛과 향을 내지요. 바나나가 들어간 케이크의 식감은 매우 촉촉한데다 달콤한 풍미가 돌고 영양 면에서도 훌륭합니다. 바나나 자체도 아이들 간식으로 빼놓을 수 없는 재료이고요.

지름 16.5×8cm 시폰틀 1개 분량
170℃ | 35~40분

중력분 ················· 70g
시나몬파우더 ············ 1g
베이킹파우더 ············ 2g

달걀노른자 ············· 3개
포도씨유 ·············· 40g
설탕 ················· 25g
소금 ·················· 1g
바닐라엑스트랙 ············ 5g

바나나 ··············· 100g
우유 ················· 30g
꿀 ·················· 15g

달걀흰자 ·············· 4개
설탕 ················· 40g

* 달걀과 우유는 실온에 둔다.
* 오븐은 170℃로 예열한다.

1 밀가루와 시나몬파우더, 베이킹파우더는 함께 계량해서 체에 두세 번 정도 친다. 달걀은 노른자가 터지지 않게 주의하면서 흰자와 분리해 각각 믹싱볼에 담는다.

2 바나나와 꿀, 우유는 함께 섞어서 믹서에 곱게 간다.

3 노른자에 설탕과 소금을 넣고 노른자 색이 옅어지고 설탕이 녹을 때까지 섞는다.

4 설탕이 적당히 녹으면 포도씨유를 천천히 흘려 넣으면서 섞는다.

5 곱게 간 바나나와 바닐라엑스트랙을 넣고 골고루 섞는다.

6 반죽이 고루 섞이면 체에 친 가루류를 넣는다. 믹싱볼 옆면을 거품기로 긁어 깨끗이 정리하면서 매끈한 반죽이 되도록 골고루 섞는다.

Tip

1 바나나는 숙성이 잘되어 당도가 높고 부드러운 상태의 것을 사용해야 케이크의 풍미가 더 좋아집니다. 설익은 바나나는 단단하면서 떫은맛이 날 수 있어 케이크를 구웠을 때 풍미가 덜합니다. 바나나를 실온에 두어 껍질에 검은 반점이 생기기 시작할 때가 가장 당도가 높답니다.

2 바나나는 곱게 갈아서 사용하세요. 대충 으깬 것보다 꿀과 우유를 넣고 곱게 갈아 묽은 퓌레 상태인 것을 사용하면 고른 케이크 결을 만들 수 있습니다.

7 물기나 기타 이물질 없이 깨끗한 볼에 담긴 흰자를 핸드믹서나 스탠드믹서로 중속에서 휘핑한다. 색이 하얗게 변하면서 거품이 올라오기 시작하면 설탕을 세 번에 나눠 넣어가며 머랭을 올린다.

8 노른자 반죽에 머랭을 세 번에 나눠 넣고 섞는다. 두 번째까지는 거품기를 사용해서 한쪽 방향으로 천천히 원을 그리면서 머랭이 안 보일 만큼만 섞는다. 마지막 세 번째 섞을 때는 스패출러를 사용해서 11자를 그으며 바닥에서 위로 반죽을 퍼 올리듯 섞는다.

9 반죽에 머랭 덩어리가 남아 있지 않도록 최대한 빠른 시간 내에 큰 동작으로 섞어 반죽을 정리한다.

10 시폰틀에 스프레이로 물을 골고루 뿌린다.

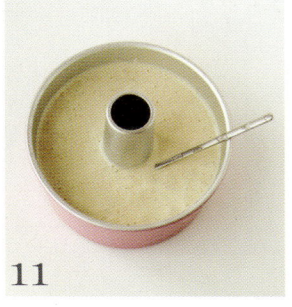

11 시폰틀에 반죽을 패닝한 뒤 틀째 살짝 내리치고 불규칙한 거품들이 꺼지도록 가는 나무 꼬치나 젓가락으로 반죽을 두세 번 정도 저어 고르게 정리한다. 170℃로 20분 이상 충분히 예열한 오븐에 35~40분 정도 굽는다. 오븐에서 꺼내자마자 케이크가 주저앉는 것을 방지하기 위해 틀째 낮은 높이에서 바닥에 살짝 떨어뜨려 충격을 준 뒤 식힘망에 바로 뒤집어서 식힌다.

A

A

Batter
Type
Cake

B

C

A

L

Part 4

반죽형 케이크

U

T

K

E

Intro
반죽형 케이크란?

반죽형 케이크는 많은 양의 유지가 들어가고 베이킹파우더 같은 화학적 팽창제의 힘을 이용해 볼륨을 만드는 케이크로 보통 버터케이크라고도 불립니다. 달걀에 전적으로 의지하는 거품형 케이크에 비해 반죽형 케이크는 밀가루, 버터, 설탕, 달걀 네 가지가 기본 재료로 사용되는데, 그 배합률에 따라 이름이나 만드는 기법이 달라질 만큼 각 재료 하나하나가 모두 중요한 역할을 담당합니다.

다시 강조하지만 반죽형 케이크에 있어서 이 네 가지 재료의 적절한 배합은 무엇보다도 중요합니다. 각 재료의 배합률에 따라 케이크의 맛과, 향, 부드러운 식감과 촉촉한 질감에 변화가 생기고 제작 기법 또한 달라질 수 있기 때문입니다. 그러므로 전문 베이커들이 검증한 이론을 토대로 안정적인 레시피를 만들어 사용하는 것이 곧 성공적인 케이크를 만드는 지름길임을 알아야 합니다.

반죽형 케이크는 보통 만드는 방법을 세 가지로 분류할 수 있는데, 모두 매우 개성 있고 특색 있는 과정을 거칩니다. 따라서 이들 방법만 마스터한다면 새로운 레시피를 대할 때 배합률만 보고도 그에 맞는 적절한 기법을 선택할 수 있는 여유가 생기니, 반죽형 케이크를 만들 때는 한 가지 방법만 고집하지 말고 재료 배합에 따른 맛과 질감을 머릿속에 그리면서 꾸준하게 지속적으로 다양한 기법들을 손에 익히세요.

크림법(The Creaming Mixing Method)

버터와 설탕을 함께 섞어 거품을 내는 크림법은 홈베이킹에서 버터케이크를 만들 때 가장 흔하고 손쉽게 시행하는 방법입니다.

실온에 두어 크림 상태가 된 버터에 설탕을 넣고 거품화한 뒤 달걀을 나눠 넣어가며 믹싱하고 여기에 밀가루와 기타 부재료를 넣어 반죽을 완성하는 방법으로, 볼륨이 좋고 입안에서 부드럽게 녹아내리는 식감을 만들어주기 때문에 베이킹 초보자들도 손쉽게 성공적인 케이크를 만들 수 있습니다.

크림법으로 케이크를 만들 때 가장 중요한 것은 많은 양의 버터를 설탕과 충분히 믹싱하여 공기를 품게 하는 것인데요. 믹싱 정도에 따라 만들고자 하는 케이크의 볼륨과 식감이 달라지기 때문입니다.

따라서 크림화에 사용하는 버터와 달걀의 온도 상태는 크림법에서 가장 중요한 요인이 됩니다. 버터는 보통 냉장고에 보관해둔 것

을 사용하는데, 찬기가 남아 있는 단단한 상태의 버터를 크림화하면 크림화가 완전하게 이루어지지 않아 설탕이 잘 녹지 않고 크림화한 반죽 자체의 볼륨이 빈약합니다. 이 상태에서 달걀을 믹싱하면 크림화된 버터와 달걀이 분리되는 경우도 생기지요. 한편으로 버터의 크림화는 부드럽게 잘됐더라도, 차가운 달걀을 믹싱하면 버터가 다시 단단해져서 같은 결과가 생깁니다. 따라서 버터와 달걀은 사용하기 전에 반드시 미리 실온에 꺼내두어 냉장고의 찬기가 완전히 가시게 만드는 철저한 사전 준비가 필요합니다.

버터에 설탕을 섞어 크림화할 때는 핸드믹서나 스탠드믹서의 속도를 너무 빠르지 않은 중속 이하에 맞추고 서서히 믹싱하는 것이 좋습니다. 이 과정에서 설탕이 최소 50~60% 이상은 녹아야 달걀을 믹싱할 때 분리되는 것을 방지할 수 있습니다.

크림화 과정에서 달걀을 조금씩 나눠 넣고 믹싱할 때 달걀이 분리되지 않고 골고루 잘 섞여 풍성해지면 믹싱을 마무리해야 합니다. 이미 달걀이 골고루 섞여 볼륨이 최고치로 높아진 상태에서 믹싱을 계속하면 크림화된 반죽이 너무 많은 공기를 함유하게 되고, 때에 따라서는 크고 작은 불규칙한 기공

들이 많이 생겨서 반죽 구조가 약해져 굽는 도중에 부풀다가 주저앉는 결과를 초래할 수도 있습니다. 이처럼 과도한 믹싱은 오히려 케이크의 볼륨이 작아지게 만들고, 봉긋하고 먹음직스럽게 터지는 대신 옆으로 흐르듯 퍼져서 윗면이 납작한 케이크를 만들며, 불규칙한 기공들로 인해 거친 식감이 만들어지는 원인을 제공하기도 합니다. 반복해 말하지만, 크림화된 버터에 달걀을 넣고 믹싱할 때는 달걀을 조금씩 나눠 넣되, 한 번 섞을 때마다 달걀이 크림화된 버터에 잘 섞여 마요네즈 같은 상태가 되면 바로 크림화를 마무리하도록 하세요. 그것이 바로 먹음직스럽고 윗면이 봉긋하게 부풀어 올라 자연스럽게 터진 멋진 케이크를 만드는 비결임을 잊지 마세요.

투스테이지법 (The Two-Stage Mixing Method)

크림법이 버터케이크의 기본이 되는 파운드케이크(네 가지 재료, 즉 밀가루, 버터, 설탕, 달걀의 배합이 거의 동량으로 들어가는)를 만들 때 주로 사용하는 방법이라면, 투스테이지법은 설탕과 액체(달걀 포함)의 함량

의 다른 액체도 많이 사용하기 때문에 반죽이 굉장히 묽은 편이며, 그런 배합의 영향이 케이크의 식감에 고스란히 나타납니다.

크림법을 이용한 버터케이크보다 좀 더 세밀한 조직과 보다 부드러운 식감을 지닌 것이 투스테이지법으로 만드는 케이크의 가장 큰 장점인데요. 이런 식감은 믹싱 초기에 밀가루와 버터, 액체 중 일부를 먼저 섞을 때 밀가루가 버터로 코팅됨으로써 믹싱 도중 발생할 수 있는 과도한 글루텐 형성을 방지하기 때문이지요.

또 다른 장점은 처음부터 밀가루와 설탕, 버터가 함께 믹싱되기 때문에 재료가 골고루 분산되어 뭉친 가루류나 겉도는 재료 없이 반죽이 매우 균일해진다는 점입니다. 크림법으로 만들 경우 가루류를 섞을 때 뭉침이 없도록 해야 하기 때문에 자칫하면 오버믹싱하여 글루텐을 형성시키게 되고 이는 식감에 영향을 줄 수 있습니다. 또 사용하는 액체량이 많으면 균일한 반죽을 위해 가루류와 액체를 여러 번으로 나눠 섞어야 하는 번거로움이 있는데, 투스테이지법으로 만들 경우 그런 과정들이 단축되기 때문에 시간과 힘이 덜 들어 경제적입니다.

한 가지 더, 가루류를 체에 여러 번 치는

은 높으면서 버터의 함량은 낮은 버터케이크를 만들 때 주로 사용하는 방법입니다. 투스테이지법이란 이름은 액체를 두 단계에 나눠 섞는 것에서 비롯되었다고 합니다. 미국이나 유럽 쪽에서 많이 사용되어 우리나라 홈베이커들에게는 조금 낯선 방법일 수 있지만, 일반적 방법인 크림법에 비해 만들기가 간편하고 수분 배합률이 높아 촉촉하면서 매우 부드러운 촉감을 가진 케이크를 만들 수 있습니다.

이 기법으로 만드는 케이크의 배합률을 보면 사용하는 설탕이 밀가루와 동량이거나 더 높은 경우가 많은 반면, 버터는 상대적으로 적은 양을 사용합니다. 또한 수분의 역할을 대부분 달걀에 의존하는 파운드케이크에 비해, 많은 양의 설탕을 녹이기 위해 달걀 이외

과정을 거치지 않아 손이 많이 가는 번거로움이 줄어듭니다.

투스테이지법으로 케이크를 만들 때 가장 주의해야 할 점은 밀가루에 바로 섞을 버터는 크림법과 마찬가지로 실온 상태의 매우 부드러운 것이어야 하며, 달걀이나 액체 또한 찬기가 전혀 없는 실온 상태의 것을 사용해야 한다는 점입니다. 차갑거나 뜨겁거나 하는 온도의 차이가 없는 실온 상태의 것을 사용해야 최상의 결과물이 나온다는 점을 항상 기억해두세요.

스탠드믹서나 핸드믹서는 저속에 맞춘 채 믹싱해야 하며, 믹싱 시간은 되도록 정확하게 지켜야 좋은 결과물이 만들어집니다. 스탠드믹서를 사용할 경우 처음에는 저속에서 시작하여 액체를 섞을 때는 중속(4단 이하)으로 높여 천천히 섞어야 하며, 핸드믹서를 사용할 경우에는 중속 정도 되는 일정한 속도와 힘으로 꾸준하게 섞어야 합니다. 제 경우 투스테이지법으로 케이크를 만들 때는 기계 믹서 대신 거품기를 주로 사용하는데, 저처럼 거품기를 다루는 것이 수월한 사람은 기계 믹서의 도움 없이 거품기만으로도 모든 믹싱 과정이 가능합니다. 거품기를 사용하여 반죽을 믹싱할 때는 지속적이면서 일정

한 힘 조절과 속도 조절이 좋은 식감의 케이크를 만드는 관건인데, 그렇게 되려면 거품기를 잘 다룰 수 있도록 끊임없이 훈련해야 합니다. 투스테이지법으로 케이크를 만들 때 처음부터 거품기를 사용하지 말고 스탠드믹서나 핸드믹서로 만들어보아 반죽의 상태와 농도가 잘 파악되면 그때부터 거품기를 사용해서 만드세요. 그전까지 번거롭고 손이 많이 가던 케이크 만들기가 엄청 간단하고 쉬운 종목으로 바뀐답니다.

개인적인 경험으로는 크림법으로 만드는 파운드케이크류 중 재료의 배합에 수분이 많은 것은(달걀 외 추가되는 우유나 사워크림 등) 투스테이지법을 이용하더라도 촉촉하고 부드러운 식감을 가진 케이크가 만들어집니다. 모든 레시피를 장담할 수는 없지만, 전통적인 파운드케이크의 배합을 조금 변형한 버터케이크류 중에 수분 배합률이 높은 레시피일 경우 크림법보다는 투스테이지법으로 만들면 더 좋은 식감을 가진 결과물이 만들어질 수 있으니, 이 두 가지 방법으로 다양한 레시피를 만든 뒤 본인의 손에 잘 맞는 기법으로 케이크 만들기를 즐기세요.

원믹스법(One Mixing Method)

원믹스법은 본래 전통적인 케이크 만들기 방법이 아닌, 현대에 들어서면서 나타난 방법입니다. 주로 퀵 브레드를 만들 때 사용하는 방법으로, 가볍고 담백한 맛을 가진 케이크가 만들어지는 것이 특징입니다. 이 방법은 나라마다, 또는 베이커에 따라서 빵의 분류법 중 하나인 퀵 브레드 쪽으로 분류되기도 하고 케이크 쪽으로 분류되기도 하는데요. 주로 머핀 만들 때 사용하기 때문에 머핀 믹싱법이나 블렌딩 믹스법이라고 불립니다. 퀵 브레드와 케이크의 중간쯤에 위치한 까닭에 애매하게 분류되는 이 방법은 요즘 일반 커피케이크나 직사각 형태로 굽는 로프케이크 등 케이크라는 이름이 붙은 레시피에 자주 사용되는 만큼 간단하게 소개하고자 합니다.

이 반죽법은 크림법이나 투스테이지법처럼 여러 번의 다양하고 기본적인 과정을 거쳐야 하는 기존 방법들에 비해 매우 단순합니다. 즉 모든 재료를 한 번에 섞어 반죽하기 때문에 매우 간편하며, 짧은 시간에 많은 양을 만들 수 있어 홈베이킹에서 활용하기에 좋은 방법입니다. 또한 크림법이나 투스테이지법에 비해 반죽에 공기를 집어넣는 과정

을 거치지 않기 때문에 팽창제의 역할에 많이 의존하는데요. 크림법이나 투스테이지법으로 만드는 케이크보다 설탕과 유지가 적게 들어가며, 고체 상태의 버터 대신 액체 상태로 녹인 버터를 사용하기 때문에 유지를 동물성 버터가 아닌 식물성 오일로 대체할 수 있는 장점 때문에 건강식으로 많은 환영을 받고 있습니다. 유지 사용에 있어서 개인적으로 녹인 버터보다는 오일을 사용하는 것을 선호하는데, 버터보다는 오일이 케이크의 식감을 더 촉촉하게 만들기 때문입니다. 특히 케이크가 식었을 때는 오일을 사용한 케이크가 더 부드럽고 촉촉함이 오래간답니다.

설탕은 일반 백설탕보다는 유기농 황설탕이나 마스코바도 설탕을 사용하는데, 마스코바도 설탕은 깊은 풍미와 진한 색을 만드는 역할을 하기 때문에 원믹스법으로 만드는 케이크에 적합합니다.

원믹스법은 전통적인 크림법이나 투스테이지법에 비해 식감이 포슬포슬하며, 기공이 불규칙하기 때문에 질감은 조금 거친 느낌이 있지만, 달거나 느끼하지 않아 매우 담백하면서도 포근한 맛을 만들어내는 매우 손쉬운 방법입니다. 배합률을 보면 설탕이나 유지의 양이 일반 케이크에 비해 적어, 케이크 위에

달콤한 토핑을 뿌려서 굽는 커피케이크나 머핀, 로프케이크를 만들기에 적당합니다.

　이처럼 원믹스법은 만들기가 매우 간단하고 많은 도구도 필요하지 않아 홈베이킹에 있어서 요긴한 방법이지만, 그만큼 실패할 여지도 많기 때문에 짧은 작업 과정이지만 신중하게 집중해야 합니다.

　원믹스법의 가장 큰 단점은 조금만 오버믹싱해도 케이크 식감이 질척해지고 뭉친 듯 떡 진 현상이 나타난다는 것입니다. 원믹스법은 크림법처럼 반죽에 공기를 품게 하는 과정 없이 베이킹파우더로만 부풀리기 때문에 많은 양의 액체를 가루류에 단번에 붓고 믹싱할 때 글루텐 형성이 빠르게 이루어집니다. 밀가루의 글루텐을 형성하는 단백질은 수분과 합쳐짐과 동시에 수분과 마찰하면서 글루텐을 형성하는데, 그러다 보니 시간이 지체되고 서로 섞이는 과정이 자꾸 반복돼 글루텐이 계속 형성되어 식감이 질겨지고 촉촉하지 못한 무겁고 떡 진 결이 만들어집니다. 따라서 원믹스법의 관건은 글루텐 형성을 최소화하도록 반죽을 빠른 시간 안에 섞는 것입니다. 반죽이 공기를 품고 있지 않아서 밀가루가 그대로 액체를 빨아들여 반죽이 질척해지기 때문에 밀가루를 완전하게 섞지

않더라도 완전하게 섞여서 반죽이 질척해졌을 경우보다는 결과적으로 좋은 식감을 가진 케이크가 만들어집니다. 즉 날가루가 약간씩 보이면서 군데군데 가루 덩어리들도 보일 때 굽는 것이 최선의 방법이니, 조금 덜 섞인 느낌이 들더라도 불안해하지 말고 바로 오븐에 구우세요. 그러면 보들보들하면서도 촉촉한 케이크가 만들어진답니다.

* 반죽형 케이크 기법에 관련된 설명과 팁을 각각의 베이식 레시피를 통해 좀 더 자세하게 익히세요. 다양한 반죽법의 매력에 빠지면 베이킹이 한결 즐겁답니다.

바닐라빈파운드케이크
Vanilla Bean Pound Cake

크림법으로 만드는 케이크 중 가장 대표적인 레시피는 바로
버터케이크라고도 부르는 파운드케이크입니다. 그 파운드케이크의 기본이면서 맛에서나
풍미에서나 베스트 중 베스트를 꼽으라면 바로 바닐라파운드케이크인데요.
바닐라빈을 통째로 긁어 넣은 풍미가 무척이나 고급스러워 필링이나 토핑을 전혀 첨가하지 않아도
그 자체로 매우 맛있고 훌륭하답니다. 흔한 직사각 형태도 좋지만, 예쁜 케이크틀을 사용해서
색다른 모양으로 구워보세요. 맛도 더 나고 케이크를 먹는 마음도 더 즐겁답니다.

Recipe

윗지름 25×높이 10cm
원형 번트틀 1개 분량
170℃ | 60분 이상

중력분	300g
베이킹파우더	6g
달걀	5개
무염버터	255g
우유	50g
다크럼	10g
바닐라빈(15cm 길이)	1개
설탕	260g
소금	3g

* 모든 재료는 실온에 두어 찬기를 완
전히 없앤 상태로 준비한다.
* 오븐은 170℃로 예열한다.

1

모든 재료는 전자저울을 사용하여 정확하게 계량한다. 달걀은 알끈을 제거하고 흰자와 노른자가 고루 섞이도록 잘 푼다.

2

버터를 케이크틀에 붓으로 꼼꼼하게 바른 뒤 케이크 반죽을 만드는 동안 냉장고에 넣어둔다. 그러면 버터가 굳어서 흘러내리지 않고 틀에 잘 코팅된다. 번트틀을 사용하지 않고 일반 직사각 파운드케이크틀이나 원형 틀, 정사각 틀 등 유산지를 깔 수 있는 틀을 사용할 경우에는 버터를 바르지 말고 팬에 맞게 유산지를 재단해서 깐다.

3

버터는 실온에 두어 찬기가 완전히 가신 부드러운 크림 상태의 것을 사용한다. 손가락으로 눌렀을 때 힘들이지 않아도 쑥 들어갈 정도로 부드러워야 한다.

4

깨끗한 키친타월로 바닐라빈 표면을 살짝 닦아 반으로 가른 뒤 끝에서부터 씨앗을 긁는다.

5

밀가루와 베이킹파우더는 한꺼번에 계량한 뒤 체에 두세 번 정도 친다. 밀가루는 체에 쳐서 뭉쳐 있는 덩어리를 풀어주고 공기를 함유하게 해야 반죽에 넣고 섞을 때 수월하다.

6

버터는 덩어리진 것 없이 크림처럼 매끈하고 부드럽게 되도록 핸드믹서나 스탠드믹서로 골고루 푼다.

7

버터가 부드럽게 풀리면 설탕과 소금을 넣고 핸드믹서나 스탠드믹서를 사용하여 속도가 너무 빠르지 않은 중속에서 본격적으로 믹싱한다. 설탕을 잘 녹이려면 고속보다는 중속에서 천천히 믹싱하는 것이 좋다.

8

버터와 설탕을 골고루 섞어 크림화한다. 이 과정에서 버터가 공기를 많이 품을수록 크림화가 잘되고, 크림화가 잘될수록 파운드케이크가 더욱 부드럽고 촉촉한 식감을 갖게 되며 풍성한 볼륨이 만들어진다. 따라서 신중하게 작업해야 한다.

9

크림화하는 중간 중간에 스패출러로 믹싱볼 옆면을 깨끗이 긁어서 겉도는 반죽이 없도록 골고루 섞는다.

10

크림화가 끝난 버터는 하얀색에 가까운 연한 아이보리색으로, 손가락으로 찍어서 문질렀을 때 설탕 입자가 아주 작은 알갱이 정도로 녹아 있는 상태다. 이 크림화 과정을 통해 설탕이 최소한 50~60% 이상 녹고, 버터는 공기를 많이 품어 볼륨이 풍부한 상태가 된다.

11

크림화가 끝나면 달걀을 조금씩 나눠 넣으면서 계속 믹싱한다. 달걀은 수분이기 때문에 한꺼번에 많은 양을 넣으면 분리되기 쉽다. 한 번에 달걀 ½개 분량을 넣어서 골고루 섞은 뒤 다시 ½개를 넣는 식으로 작업하는 것이 안정적이다.

12

달걀을 섞는 중간 중간에 스패출러로 믹싱볼 옆면을 깨끗이 정리한다. 달걀이 버터와 섞이지 못한 채 볼 옆면에 그대로 붙어 있을 수 있으니 모든 재료들이 골고루 섞여 깨끗하고 매끈한 반죽이 되도록 주의해서 믹싱한다.

13

달걀을 모두 섞으면 연한 아이보리색의 풍성한 볼륨을 가진 크림이 완성된다. 이 과정에서 남아 있던 설탕이 좀 더 녹고, 버터와 설탕만 섞어 크림화했을 때보다 볼륨이 더 풍부한 부드러운 크림 상태가 된다.

14

크림화가 끝나면 스패출러로 믹싱볼 옆면을 깨끗이 긁어 겉돌거나 덩어리진 것 없이 매끈한 반죽이 되도록 정리한다.

15

체에 친 가루류를 넣고 섞는다. 스패출러를 반죽에 넣은 상태에서 그 위로 가루류를 넣은 뒤 스패출러를 반죽과 함께 위로 들어 올리면서 흔들어 가루가 사방으로 흩어지게 하여 골고루 섞는다.

16

스패출러로 믹싱볼 옆면과 바닥을 긁으면서 바닥에 있는 반죽을 위로 퍼 올리는 느낌으로 섞는다. 반죽이 뻑뻑하다고 휘젓거나 짓이기듯 섞으면 글루텐이 많이 생겨서 질기고 볼륨이 작아질 수 있으니 주의한다. 스패출러로 반죽 윗면에서 바닥까지 닿게 11자로 그으면 그 사이로 밀가루가 섞인다. 그 상태에서 바닥의 반죽을 위로 퍼 올린 뒤 다시 11자를 그어 밀가루가 그 사이사이로 섞이도록 반복한다.

17

날가루가 안 보일 만큼 반죽이 섞이면 거품기를 사용해서 천천히 한쪽 방향으로 저어 매끄럽고 고른 반죽을 완성한다. 대략 열 번 정도 크게 원을 그리듯이 젓는데, 몽글몽글한 밀가루 덩어리가 없어지면서 반죽이 균일해지는 게 보이면 믹싱을 멈춰, 오버 믹싱되지 않도록 한다.

18

반죽에 럼과 우유, 바닐라빈을 넣고 섞는다.

19

거품기로 크게 원을 그리듯이 믹싱볼 옆면과 바닥을 긁으면서 한쪽 방향으로 천천히 젓는다. 럼과 우유, 바닐라빈 등이 골고루 섞이는 정도에서 믹싱을 마친다.

20

겉도는 반죽이 없도록 스패출러로 믹싱볼 옆면을 긁으면서 반죽을 정리한다. 그래도 반죽이 균일하지 않고 불규칙한 덩어리가 보인다면 반죽에 재료가 완전하게 섞이지 못한 것이니 거품기로 천천히 저으면서 섞어 반죽의 완성도를 높인다.

21

제대로 완성된 반죽의 농도는 반죽을 떠서 흘렸을 때 흐르지 않고 뚝뚝 떨어지며, 그 떨어진 형태가 고스란히 유지될 정도로 진하고, 다른 케이크 반죽에 비해 되직하다. 반죽 결은 불규칙한 덩어리가 보이지 않고 윤기가 도는 아주 매끈한 상태를 유지한다.

22

버터 바른 케이크틀에 반죽을 패닝한다. 틀째 바닥에 두세 번 내리치고 가는 나무 꼬치나 젓가락으로 찔러서 반죽 바닥까지 닿게 한 뒤 살살 저어 반죽이 골고루 틀에 담기게 하고 스패출러로 윗면이 평평하도록 반죽을 다듬는다.

23

170℃로 20분 이상 예열한 오븐에서 60분 이상 굽는다. 가는 나무 꼬치나 젓가락으로 케이크 가운데 부분을 바닥까지 깊숙이 찔러서 반죽이 묻어나지 않고 깨끗하게 나오면 속까지 완전하게 익은 것이다. 만일 꼬치에 반죽이 묻어나면 덜 구워진 것이니 이때는 5분 단위로 시간을 늘려가며 더 굽는다. 케이크는 오븐에서 꺼내자마자 낮은 높이에서 틀째 바닥에 살짝 떨어뜨려 충격을 준 뒤 바로 식힘망에 뒤집어 엎어서 케이크틀을 빼고 충분히 식힌다. 열기가 완전히 가시면 밀폐용기에 담거나 비닐로 밀봉하여 하루 이상 상온에서 숙성시킨 뒤 먹는다.

1 영국에서 처음 시작되었다고 전해지는 파운드케이크의 역사를 거슬러 올라가면 파운드케이크의 기본이 되는 네 가지 재료, 즉 밀가루, 설탕, 버터, 달걀을 1파운드씩 동량으로 넣고 만든 것이 시초였습니다. 그 이후 오랜 시간을 지나오면서 19세기에 베이킹파우더 등의 화학적 팽창제가 개발되었고 이에 따라 영국의 전통적인 파운드케이크는 폭신폭신한 미국식 버터케이크로 발전했지요. 또한 전 세계 수많은 베이커들의 연구와 실습에 힘입어 설탕이나 버터, 달걀의 배합률은 낮추고 우유나 사워크림 같은 액체 재료와 여러 가지 필링 등 다른 재료들을 첨가함으로써 다양한 질감과 맛을 가진 수많은 종류로 변형되어 오늘날의 버터케이크, 즉 파운드케이크가 완성되었답니다. 지금도 여러 나라에서 그 특성에 맞게 다양한 맛과 질감, 모양으로 만들어지고 있는 파운드케이크는 홈베이킹을 시작하면 대부분 가장 처음 만드는 케이크입니다. 버터케이크류의 기본 기법인 크림법을 이용하기 때문에 파운드케이크 만드는 법만 완벽하게 마스터한다면 크림법을 이용하는 모든 케이크류를 실패 없이 잘 만들 수 있습니다.

2 파운드케이크의 주재료인 버터나 달걀 등은 대부분 냉장 보관하지요. 이런 재료들을 냉장고에서 꺼내 찬기가 남아 있는 상태 그대로 케이크 만들기에 사용하면 버터의 크림화가 완전하게 이뤄지지 않아 결과적으로 파운드케이크의 식감에 큰 영향을 줍니다. 특히 크림화 과정에서 가장 중요한 재료인 버터는 반드시 찬기가 완전히 가신 실온 상태의 것을 사용해야 합니다. 버터가 차가울 경우 설탕이 잘 녹지 않아 크림화가 완전하게 이뤄지지 않고 달걀이 쉽게 분리되는데, 이것이 바로 볼륨이 작고 부드럽지 않은 식감을 가진 케이크가 만들어지는 가장 큰 원인이지요. 달걀도 찬기가 없는 실온 상태의 것을 사용해야 합니다. 버터 반죽에 차가운 달걀이 섞이면 버터 반죽이 굳어서 단단해지고, 이것 또한 파운드케이크의 식감에 직결되니까요. 그 외에 추가되는 우유나 사워크림 등의 액체를 포함한 모든 재료는 반드시 찬기가 없는 실온 상태를 유지하고 있어야 합니다. 또 베이킹에는 무염버터를 기본으로 사용하는데, 만일 무염버터가 아니라 소금이 첨가된 가염버터를 사용할 경우 레시피에서 소금을 줄여야 맛의 밸런스가 맞지요. 가급적이면 무염버터를 사용하는 것이 케이크 맛을 제대로 즐길 수 있는 비법이랍니다.

3 파운드케이크에 있어서 가장 중요한 것 중의 하나는 외형적으로 그 형태를 잘 유지할 수 있는 단단함을 만드는 것입니다. 여기서 말하는 단단함이란 건조하고 딱딱함을 말하는 것이 아닌, 케이크 속의 촉촉하고 부드러운 식감이 형성하는 견고한 구조의 묵직함입니다. 파운드케이크는 다른 케이크에 비해 묵직하면서도 튼튼한 구조를 갖는 것이 특징인 만큼 재료에 있어서 어떤 밀가루를 사용할 것인가는 중요한 부분입니다. 다양한 모양을 가진 케이크틀에 구워도 형태가 주저앉거나 부스러지지 않고 잘 살아 있으며, 기타 과일이나 견과류 같은 부재료를 섞어도 구워지면서 밑으로 가라앉지 않도록 부재료의 무게를 지탱하는 견고한 힘이 필요하기 때문에 글루텐이 적어 부슬부슬 부서질 정도로 힘이 약한 박력분보다는 어느 정도 글루텐을 가지고 있어서 탄력과 부드러움을 줄 수 있는 중력분을 사용하는 것이 좋은 모양과 식감을 가진 케이크를 만드는 데 적합하지요. 보통 가정에서는 밀가루를 포장

봉지에 뭉친 채로 보관하는데, 이런 상태의 밀가루를 반죽에 그냥 섞으면 수분을 먹은 밀가루는 더 많이 뭉치게 됩니다. 그리고 그 뭉침을 풀기 위해 과도하게 반죽을 믹싱할 수밖에 없는 결과를 낳지요. 밀가루의 뭉침을 풀기 위해 과도하게 반죽을 휘저으면 글루텐이 많이 형성되고, 이는 곧 질기고 단단한 식감의 케이크를 만드는 결과가 되기 때문에, 이를 방지하고 부드러운 식감을 만들기 위해서는 반드시 체에 쳐서 밀가루의 뭉침을 풀고 공기를 품게 하여 가볍게 만들어 사용해야 합니다.

4 반죽형 케이크의 크림화 작업을 할 때는 핸드믹서나 스탠드믹서 같은 기계 믹서나 거품기를 모두 사용 할수 있습니다. 기계 믹서는 힘들이지 않아도 빠른 시간 안에 수월하게 반죽을 완성할 수 있기 때문에 가장 많이 사용되며 초보자들에게 추천하는 도구입니다. 거품기는 기계 믹서보다 힘이 들고 시간이 더 걸린다는 단점이 있지만, 거품기가 손에 익은 베이커라면 반죽을 완성하는 데 무리가 없습니다. 저도 거품기를 주로 사용하는 편입니다. 본인에게 익숙한 도구를 사용하면 베이킹이 좀 더 수월해진다는 것을 알아두세요.

5 달걀은 수분이기 때문에 많은 양을 한꺼번에 버터 반죽에 넣으면 물과 기름이 분리되듯 버터와 달걀이 분리되어 마요네즈 같은 부드러운 크림 반죽이 아닌, 자잘하고 몽글몽글한 버터 덩어리와 물 같은 달걀이 따로 노는 반죽이 됩니다. 이렇게 반죽이 분리되면 애써 풍부한 공기를 품게 만든 크림화된 버터 반죽이 한 덩어리가 되지 못한 채 자잘하게 쪼개지고 끊어지기 때문에 부드러운 식감을 방해하는 큰 요인이 됩니다. 그렇기 때문에 반드시 달걀은 조금씩 나눠 넣으면서 버터 반죽에 완전히 섞이게 하는 것이 중요한데요. 간혹 버터 양보다 달걀 양이 많은 레시피일 경우 분리 현상을 피할 수 없는 경우가 생기는데, 이렇게 분리되면 다시 크림 상태로 되돌릴 수 없습니다. 이때는 최대한 반죽이 부드러워질 때까지 믹싱을 좀 더 해야 식감에 주는 영향을 조금이라도 줄일 수 있습니다. 만약 분리되는 조짐이 보일 경우 밀가루를 소량 섞으면 어느 정도 완화됩니다. 또 믹싱하는 달걀 양이 많을 경우 노른자를 먼저 섞고 흰자를 나중에 섞으면 도움이 되는데, 이는 노른자에 지방 성분이 있어서 대부분이 수분인 흰자보다 좀 더 잘 섞이기 때문입니다. 버터 반죽이 분리되는 것을 사전에 예방하기 위해서 반드시 달걀은 실온 상태의 것을 사용해야 하며, 약간 미지근하게 데워서 섞는 것도 도움이 되지만 이럴 경우에는 온도에 민감한 버터 반죽이 녹을 수도 있으니 세심한 주의가 필요합니다. 버터와 설탕을 믹싱하여 많은 공기를 품게 하는 크림화가 완벽하게 되었다면 간혹 달걀을 섞는 과정에서 조금 분리가 되더라도 식감에 그리 큰 영향을 미치지 않을 수도 있습니다. 하지만 크림화를 완벽하게 한다는 것은 전문 베이커 수준의 노하우가 필요한 문제이기 때문에, 무엇보다 처음부터 차근차근 분리되지 않게 반죽을 만드는 것이 홈베이커에게는 가장 중요합니다.

6 버터와 설탕을 섞어 풍성하게 크림화한 뒤 달걀을 조금씩 섞으면서 크림화를 마무리할 때 반드시 주의해야 할 점이 있어요. 달걀이 완전히 다 섞여 풍성하게 크림화가 된 상태에서 계속 믹싱을 하면 반죽이 지

나치게 많은 공기를 함유하게 되고 큰 기공이 생겨서 반죽 구조가 약해집니다. 그 결과 굽는 도중에 부풀다가 주저앉아 오히려 볼륨이 작아지고, 위로 봉긋하게 부풀지 못하고 옆으로 퍼져 윗면이 납작한 파운드케이크가 되며, 큰 기공으로 인해 거친 식감이 만들어지는 원인이 되기도 합니다. 달걀을 믹싱할 때 버터 반죽에 고루 섞여 따로 노는 달걀 없이 마요네즈 상태가 되면 크림화를 마무리하세요. 적절한 크림화야말로 위로 잘 부풀어 올라 먹음직스럽게 터진 파운드케이크를 만드는 비법이랍니다.

7 파운드케이크 반죽은 다른 케이크 반죽에 비해 사용된 액체와 밀가루의 양이 거의 동량이라 반죽이 되직한 경우가 많아 밀가루를 섞는 데 시간이 걸립니다. 이렇게 되직한 상태의 반죽을 스패출러로 골고루 섞다 보면 오버 믹싱되어 식감에 나쁜 영향을 끼칩니다. 이런 현상을 방지하려면 가루류를 섞을 때 거품기를 사용해서 반죽을 마무리하세요. 그렇게 하면 반죽 속에 숨어 있을 수 있는 날가루 덩어리를 완전하고 빠르게 풀어서 고르고 매끈한 반죽을 완성할 수 있습니다. 거품기로 반죽을 섞을 때는 대략 열 번 정도로 크게 원을 그리듯이 천천히 한쪽 방향으로 젓다가 반죽의 결이 고르고 균일해지는 게 보이면 바로 마무리하여 오버 믹싱하지 않도록 해야 합니다. 나머지 소량의 액체와 부재료를 섞을 때도 거품기를 사용하면 빠르고 완전하게 반죽이 섞이니, 오버 믹싱하지 않도록 적절한 믹싱 감각을 손에 익히세요.

8 반죽하는 동안 수시로 믹싱볼 옆면에 묻어 있는 재료들을 깨끗이 긁어서 반죽에 섞는 습관을 들여야 합니다. 믹싱볼 옆면에 묻어서 크림화되지 못한 버터나 설탕, 달걀 등이 그대로 남아 있다가 반죽에 섞여 구워지게 되면 그 부분이 뭉쳐서 케이크 결에 덩어리째 그대로 남아 있거나 떡이 지는 경우가 생길 수 있습니다. 베이킹할 때 믹싱볼 옆면의 반죽을 정리하는 습관은 기본 중의 기본임을 잊지 마세요.

9 반죽을 패닝할 때는 그 전에 케이크틀에 반드시 부드러운 버터를 골고루 발라야 합니다. 주름진 틀이나 모양이 복잡한 틀은 유산지를 깔기 어렵기 때문에 버터를 발라야 나중에 파운드케이크의 모양이 손상되지 않고 잘 떨어집니다. 버터를 꼼꼼하게 바른 틀은 상온보다는 냉장고에 넣어두는 것이 좋습니다. 버터 바른 틀을 실내에 둔 채 반죽하다 보면 실내 온도로 인해 버터가 녹아 틀 밑으로 흘러내려서 패닝하기 전 한 번 더 발라야 하는 수고가 따를 수 있으나, 반죽을 시작하기 전 미리 발라서 냉장고에 넣어두면 버터의 코팅 상태가 그대로 유지되어 안전합니다. 간혹 버터 대신 식물성 오일을 바르기도 하는데, 오일은 그 자체가 액체 상태이기 때문에 시간이 지날수록 흘러내려 케이크와 틀을 분리시키는 효과가 떨어지는 만큼 식물성 오일 사용은 피하는 것이 좋아요. 또한 팬에 바른 버터는 케이크에 흡수되어 케이크 특유의 버터 풍미를 만드는 데 도움이 되지만, 오일은 자칫하면 케이크를 기름지게 하고 풍미에 좋지 않은 영향을 줄 수도 있답니다.

10 완성한 반죽을 케이크틀에 패닝한 뒤에는 반드시 틀째 바닥에 살짝 내리치고 빠른 시간 내에 가는 나무 꼬치나 젓가락으로 구석구석을 저으세요. 그 이유는 케이크틀에 빈 공간이 없이 반죽이 골고루 담기게 하고 틀의 굴곡진 부분이나 디테일하게 구석진 부분까지 패닝되

도록 하는 것은 물론, 혹시 남아 있을지 모르는 불규칙한 크기의 거품들을 정리하기 위해서입니다. 대부분의 파운드케이크는 재료 배합상 반죽이 되직하여 유동성이 적은 편이라 굴곡이나 구석진 부분이 많은 틀을 사용할 경우 그 부분까지 반죽이 패닝되지 않는 경우가 종종 발생합니다. 그런데 그 상태로 그냥 구우면 반죽이 패닝되지 않은 부분은 빈 공간으로 남기 때문에 외형이 중요한 케이크의 모양을 망치는 원인이 될 수 있습니다.

11 완성한 반죽을 오븐에서 바로 굽지 않고 그냥 두었다가 나중에 굽거나 시간을 오래 지체한 뒤 굽게 되면 제대로 된 식감과 볼륨을 가진 케이크가 나오지 않습니다. 풍부한 공기를 품고 있는 파운드케이크 반죽은 시간이 지날수록 공기가 계속 밖으로 방출되어 꺼지게 되며 베이킹파우더 같은 팽창제의 효력이 상실되기 때문에 제대로 된 케이크를 만들 수 없습니다.

12 파운드케이크를 굽는 시간은 각자 사용하는 오븐에 따라 조금씩 차이가 생기는데, 보통 반죽 양이 많을 경우에는 50~60분 이상 구운 뒤 가는 나무 꼬치나 젓가락으로 가운데 부분을 바닥까지 깊숙이 찔러서 반죽이 묻어나지 않는 깨끗한 상태일 때까지 구우면 됩니다. 가운데 바닥 부분은 열전달이 가장 늦은 만큼 가장 늦게 익기 때문에 익은 정도를 파악할 때는 반드시 가운데 부분의 바닥까지 깊숙이 찔러 확인해야 하며, 이때 만일 덜 익은 반죽이 묻어난다면 5분 단위로 시간을 늘려가며 좀 더 구워야 합니다. 원형 번트틀이 아닌 일반 직사각 틀 레시피로 양을 줄여서 구울 경우는 시간을 조금 줄여야 한다는 것도 꼭 기억하세요.

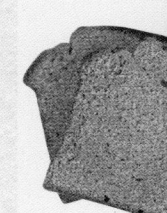

13 다 구워진 케이크는 오븐에서 꺼내자마자 조심스레 뒤집어 틀을 분리해줘야 합니다. 번트틀 같이 특별한 모양이 있는 틀은 틀에 붙어 있는 바닥면이 완성된 케이크의 윗면이 되기 때문에 뒤집을 때 조심하지 않으면 케이크 모양이 망가집니다. 오븐에서 꺼낸 다음 케이크 틀 위에 식힘망을 얹고 신중하게 한번에 휙 뒤집은 뒤 틀을 들어올리면 자연스럽게 빠져요. 틀을 뒤집는 이 과정에서 케이크가 망가지지 않게 조심스레 진행하세요.

14 케이크는 굽고 난 뒤 뜨거운 열기가 나가고 어느 정도 식으면 공기에 노출되지 않도록 밀봉하여 하루 정도 숙성시켜야 제대로 된 맛과 풍미를 느낄 수 있습니다. 오븐에서 갓 구운 케이크는 단맛만 강하게 나지만, 재료가 숙성되어 조화를 이루면 단맛이 사그라지면서 파운드케이크 특유의 맛과 질감, 풍미가 생기니 조금만 참았다가 먹는 게 더 맛있게 먹는 방법이지요. 그런 이유로, 만약 파운드케이크를 선물할 계획이라면 하루 정도 먼저 만들어서 숙성시켜야 정성 들여 만든 케이크의 진짜 풍미까지도 전달할 수 있답니다.

15 번트틀을 사용하지 않을 경우 일반 직사각 파운드케이크틀에 유산지를 깔고 구우세요. 이 레시피로 일반 직사각 파운드케이크틀에 구울 경우 18×9×7cm의 직사각 파운드틀(일반 미니파운드틀)로 대략 2개 정도의 양이 되며, 굽는 시간은 45~50분 정도입니다.

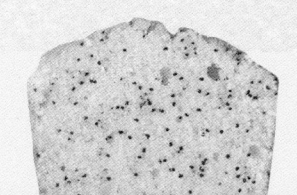

올드패션파운드케이크
Old Fashioned Pound Cake

아주 오래전 영국에서 만들기 시작했다는 올드패션파운드케이크예요. 현대에 와서 다양하게 변신 중
인 버터케이크의 모체가 되는 케이크로, 일반적인 버터케이크처럼 베이킹파우더 등의 화학적 팽창제
를 사용하지 않고 가장 기본적인 네 가지 재료를 동량으로 배합하는 전통 방식으로 만듭니다. 팽창제
도움 없이 오로지 버터 크림화 과정에서 품은 공기로만 볼륨과 식감을 만드는 케이크로, 파운드케이
크 특유의 묵직하고 조밀한 식감과 진한 맛을 자랑하는 클래식한 케이크랍니다.

18×9×7cm 직사각 파운드케이크틀(일반 미니 파운드케이크틀)
1개 분량 | 170℃ | 45~50분

중력분	170g
달걀	170g
무염버터	170g
설탕	170g
소금	2g
바닐라엑스트랙	5g

* 파운드케이크틀에 유산지를 깐다.
* 오븐은 170℃로 예열한다.

1 모든 재료는 실온 상태로 준비해서 찬기를 없앤다. 특히 버터는 실온에서 찬기가 완전히 가신 부드러운 크림 상태로 준비한다. 달걀은 알끈을 제거한 뒤 흰자와 노른자가 고루 섞이도록 잘 푼다. 밀가루는 체에 두세 번 정도 친다.

2 버터는 덩어리진 것 없이 크림처럼 매끈하고 부드럽게 되도록 푼다.

3 버터가 부드럽게 풀리면 설탕과 소금을 넣고 믹서나 거품기로 저어 크림화한다. 크림화하는 중간에 스패출러로 믹싱볼 옆면을 깨끗이 긁어서 정리한다. 이 과정에서 크림화가 잘되어야 풍성한 볼륨과 부드럽고 촉촉한 식감을 가진 케이크가 만들어진다.

4 설탕이 어느 정도 녹고 반죽이 연한 아이보리색이 되면서 풍부한 크림화가 이뤄지면 믹싱볼 옆면을 깨끗이 긁어서 반죽에 넣고 골고루 섞은 뒤 달걀을 조금씩 나눠 넣으면서 계속 섞는다.

5 달걀을 나눠 넣고 믹싱해 반죽이 더 풍성하고 볼륨이 풍부한 부드러운 크림 상태가 되면 바닐라엑스트랙을 넣고 골고루 섞는다.

6 ⑤에 체에 친 가루류를 넣고 섞는다. 반죽을 이리저리 짓이기듯 휘저으며 섞지 말고 스패출러로 믹싱볼 옆면과 바닥을 긁으면서 11자를 그어 바닥에 있는 반죽을 위로 퍼 올리는 느낌으로 섞는다.

7 가루류가 골고루 섞이면 믹싱볼 옆면을 깨끗이 정리하여 매끄럽고 고른 반죽이 되도록 한다.

8 유산지를 깐 케이크틀에 반죽을 패닝한다. 틀째 바닥에 두세 번 내리치고 가는 나무 꼬치나 젓가락으로 찔러서 반죽 바닥까지 닿게 한 뒤 살살 저어 반죽이 골고루 틀에 담기게 한다. 스패출러를 사용해서 반죽 가운데 부분은 우묵하게 들어가고 양끝으로 갈수록 올라오게 다듬는다. 170℃로 20분 이상 예열한 오븐에서 45~50분 정도 굽는다. 다 구워지면 오븐에서 꺼내자마자 낮은 높이에서 바닥에 살짝 내리쳐 충격을 주고 식힘망에 얹어 식힌다.

Tip

1 올드패션파운드케이크는 일반적인 버터케이크처럼 베이킹파우더 등의 팽창제를 사용하지 않고 가장 기본적인 네 가지 재료를 동량으로 배합하는 전통 방식으로 만듭니다. 팽창제 도움 없이 버터 크림화 과정에서 품은 공기로만 볼륨과 식감을 만들기 때문에 무엇보다도 버터 크림화 과정이 매우 중요하지요. 재료 준비부터 만드는 과정까지 모두 신중하게 작업해야 클래식한 파운드케이크 본연의 맛을 즐길 수 있습니다.

2 직사각 파운드케이크틀에 구울 때 반죽을 패닝한 뒤 가운데 부분을 낮게 하고 양끝으로 갈수록 높게 올라오게 반죽을 정리하는 이유는 구워지면서 지방이 가운데로 몰리는 것을 방지하여 주저앉거나 떡이 지는 현상을 막기 위해서입니다. 크림화가 잘되었다면 괜찮지만, 혹시나 있을지 모르는 실패를 막는 조치를 미리 취해야 봉긋하고 터짐이 자연스런 파운드케이크를 안심하고 기대할 수 있지요.

모카파운드케이크
Mocha Pound Cake

그윽하고 진한 커피 향이 어우러진 모카파운드케이크는 티타임에 가장 잘 어울리는 케이크예요.
풍부한 크림화 작업으로 완성해 부드럽고 촉촉하면서 탄력 있는 식감이 절로 마음을 끈답니다.
모양도 맛도 심플한 편이지만 은은한 향에 이끌려 자주 굽게 되는 케이크중 하나랍니다.

윗지름 21×높이 6cm 번트틀 1개
분량 | 170℃ | 50~60분 이상

중력분	200g
베이킹파우더	4g
달걀	3개
무염버터	170g
설탕	180g
소금	2g
우유	30g
인스턴트커피	5g
다크럼	10g

* 오븐은 170℃로 예열한다.

Process

1

모든 재료는 실온 상태로 준비해서 찬기를 없앤다. 특히 버터는 실온에서 찬기가 완전히 가신 부드러운 크림 상태로 준비한다. 달걀은 알끈을 제거한 뒤 흰자와 노른자가 고루 섞이도록 잘 푼다. 밀가루와 베이킹파우더는 체에 두세 번 정도 친다. 인스턴트커피는 미지근하게 데운 우유에 섞어 덩어리진 것 없게 잘 녹인다.

2

버터를 번트틀에 붓으로 꼼꼼하게 바른 뒤 케이크 반죽을 만드는 동안 냉장고에 넣어둔다. 그러면 버터가 굳어서 흘러내리지 않고 틀에 잘 코팅된다.

3

부드러운 버터에 설탕과 소금을 넣고 기계 믹서나 거품기로 크림화한다. 설탕이 어느 정도 녹고 반죽이 연한 아이보리색이 되면서 풍부한 크림화가 완성되도록 믹싱볼 옆면을 깨끗이 긁어가며 정리한다.

4

크림화가 끝나면 달걀을 조금씩 나눠 넣으면서 계속 섞는다. 달걀을 섞는 중간 중간에 스패출러로 믹싱볼 옆면을 깨끗이 정리한다. 달걀이 버터와 섞이지 못한 채 볼 옆면에 그대로 붙어 있을 수 있으니 모든 재료들이 골고루 섞여 깨끗하고 매끈한 반죽이 되도록 주의해서 섞는다.

5

커피우유액과 다크럼을 넣고 거품기를 사용해서 천천히 섞는다.

6

체에 친 가루류를 넣고 섞는다. 스패출러로 믹싱볼 옆면과 바닥을 긁으면서 바닥에 있는 반죽을 위로 퍼 올리는 느낌으로 섞는다.

7 날가루가 안 보일 만큼 반죽이 골고루 섞이면 거품기를 사용해서 천천히 한쪽 방향으로 저어 매끄럽고 고른 반죽을 완성한다. 대략 열 번 정도 크게 원을 그리듯이 젓는다.

8 스패출러로 믹싱볼 옆면을 긁으면서 정리해 고른 반죽이 되도록 완성한다. 몽글몽글한 밀가루 덩어리가 없어지면서 반죽이 균일해지는 게 보이면 믹싱을 멈춰, 오버 믹싱하지 않도록 한다.

9 버터 바른 번트틀에 반죽을 패닝한다. 틀째 바닥에 두세 번 내리치고 가는 나무 꼬치나 젓가락으로 찔러서 반죽 바닥까지 닿게 한 뒤 살살 저어 반죽이 골고루 틀에 담기게 하여 스패출러로 윗면이 평평하도록 반죽을 다듬는다. 170℃로 20분 이상 예열한 오븐에서 50~60분 정도 굽는다. 가는 나무 꼬치나 젓가락으로 케이크 가운데 부분을 바닥까지 깊숙이 찔러서 반죽이 묻어나지 않고 깨끗하게 나오면 속까지 완전하게 익은 것이다. 만일 꼬치에 반죽이 묻어나면 덜 구워진 것이니 이때는 5분 단위로 시간을 늘려가며 더 굽는다. 케이크는 오븐에서 꺼내자마자 낮은 높이에서 틀째 바닥에 살짝 떨어뜨려 충격을 준 뒤 바로 식힘망에 뒤집어 엎어서 번트틀을 빼고 충분히 식힌다.

Tip

1 달걀을 믹싱한 뒤 반죽이 분리될 조짐이 보인다면 액체인 커피우유액은 밀가루를 섞고 나서 섞으세요. 버터 크림화를 할 때 배합에 수분량이 많아 반죽이 분리될 경우 액체가 더 추가되면 반죽이 더 심하게 분리되어 완성된 케이크의 식감에 안 좋은 영향을 끼칩니다. 버터케이크를 만들 때 처음부터 달걀이 분리되지 않도록 신중하게 믹싱하되, 만일 반죽이 분리되는 경우가 생긴다면 밀가루를 먼저 섞어 더 이상 분리되는 것을 막은 뒤 나머지 액체를 넣어 상태를 완화시켜야 합니다.

2 여기에 제시된 번트틀은 가운데가 뚫려 있지 않기 때문에 굽는 시간이 좀 더 걸릴 수도 있어요. 반죽은 열전달이 가장 늦은 가운데 바닥 부분이 가장 늦게 익는 만큼, 가는 나무 꼬치로 반죽 가운데 부분

을 찔러서 반죽이 묻어나면 5분 단위로 시간을 늘려가며 굽되, 윗면에 쿠킹호일을 덮어 윗면이 타는 것을 방지하세요. 번트틀이 없다면 지름 사이즈가 같은 원형 케이크틀을 사용해도 됩니다. 일반 직사각 파운드케이크틀을 사용할 경우에는 반죽이 남을 수 있으니, 파운드케이크틀에 유산지를 깔고 틀의 80% 정도까지 반죽을 채운 뒤 남은 반죽은 일회용 머핀틀이나 낱개로 된 미니 틀에 패닝해서 함께 구우세요. 이때는 170℃로 예열한 오븐에서 40~50분 정도 구우면 됩니다. 머핀틀이나 미니 틀에 굽는 반죽은 25분경에 나무 꼬치로 테스트를 한 뒤 파운드케이크틀 반죽보다 먼저 꺼내서 오버 베이크를 피하세요.

초콜릿파운드케이크
Chocolate Pound Cake

언제 먹어도 인기 만점인 초콜릿파운드케이크는 바닐라파운드케이크와 함께 베스트 중 베스트라 할 정도로 맛있는 케이크랍니다. 커피와 우유를 섞어 반죽에 넣으면 풍미가 업그레이드된 고급스런 초콜릿파운드케이크를 맛볼 수 있지요.

윗지름 20×높이 10cm
번트틀 1개 분량
170℃ | 50~60분

중력분	180g
무가당 코코아파우더	40g
베이킹파우더	3g
베이킹소다	2g
달걀	3개
무염버터	180g
우유	65g
인스턴트커피	5g
설탕	180g
소금	2g
바닐라엑스트랙	15g

* 오븐은 170℃로 예열한다.

1
모든 재료는 실온 상태로 준비해서 찬기를 없앤다. 특히 버터는 실온에서 찬기가 완전히 가신 부드러운 크림 상태로 준비한다. 달걀은 알끈을 제거한 뒤 흰자와 노른자가 고루 섞이도록 잘 푼다. 밀가루와 코코아파우더, 베이킹파우더, 베이킹소다는 체에 두세 번 정도 친다. 인스턴트커피는 미지근하게 데운 우유에 섞어 덩어리진 것 없게 잘 녹인다.

2
버터를 번트틀에 붓으로 꼼꼼하게 바른 뒤 케이크 반죽을 만드는 동안 냉장고에 넣어둔다.

3
버터를 믹싱볼에 넣고 마요네즈 상태로 부드럽게 푼다.

4
부드러운 버터에 설탕과 소금을 넣고 거품기로 저어 크림화한다.

5
설탕이 어느 정도 녹고 반죽이 연한 아이보리색이 되면서 풍부한 크림화가 완성되도록 믹싱볼 옆면을 깨끗이 긁어가며 정리한다.

6
크림화가 끝나면 달걀을 조금씩 나눠 넣으면서 계속 섞는다.

7
달걀을 섞는 중간 중간에 스패출러로 믹싱볼 옆면을 깨끗이 정리한다. 달걀이 버터와 섞이지 못한 채 볼 옆면에 그대로 붙어 있을 수 있으니 모든 재료들이 골고루 섞여 깨끗하고 매끈한 반죽이 되도록 주의해서 섞는다.

8
달걀이 골고루 섞여 크림화가 풍부하게 마무리되면 커피우유액과 바닐라엑스트랙을 넣고 거품기를 사용해서 천천히 섞는다. 액체는 한꺼번에 넣지 말고 거품기를 한쪽 방향으로 저으면서 조금씩 흘려 넣어야 간혹 생길 수 있는 분리를 방지한다.

9
액체가 골고루 섞이면 가루류를 넣고 섞는다. 스패출러로 믹싱볼 옆면과 바닥을 긁으면서 바닥에 있는 반죽을 위로 퍼 올리는 느낌으로 섞는다.

10
날가루가 안 보일 만큼 반죽이 골고루 섞이면 거품기를 사용해서 천천히 한쪽 방향으로 저어 매끄럽고 고른 반죽을 완성한다. 대략 열 번 정도 크게 원을 그리듯이 젓는다.

11
반죽이 골고루 섞이면 스패출러로 믹싱볼 주변과 바닥면을 긁어서 반죽을 모아가며 고른 반죽이 되도록 정리한다.

12
버터 바른 번트틀에 반죽을 패닝한다. 틀째 바닥에 두세 번 내리치고 가는 나무 꼬치나 젓가락으로 찔러서 반죽 전체를 저은 뒤 스패출러로 윗면이 평평하도록 반죽을 다듬는다. 170℃로 20분 이상 예열한 오븐에서 50~60분 이상 굽는다. 다 구워지면 오븐에서 꺼내자마자 낮은 높이에서 틀째 바닥에 살짝 떨어뜨려 충격을 준 뒤 바로 식힘망에 뒤집어 엎어서 번트틀을 빼고 충분히 식힌다.

××××××××××××××××××××××××

Tip

1 백설탕이 아닌 유기농 황설탕을 사용하여 버터 크림화를 할 경우 믹싱 시간을 늘려야 하는데요. 유기농 황설탕은 백설탕보다 대부분 입자가 굵어서 녹는 시간이 더 걸리기 때문입니다. 유기농 황설탕을 안전하게 잘 녹이는 또 한 가지 방법은 믹서에 갈아서 사용하는 것입니다. 믹서에 황설탕을 넣고 몇 초 정도만 돌려 백설탕 정도의 고운 입자로 갈아서 사용하면 작업하기가 한결 쉽지요.

2 달걀이나 우유 같은 액체 재료의 함량이 높을 경우 버터 반죽에 가루류를 먼저 섞고 다음으로 액체 재료를 섞으면 좀 더 안정적인 반죽을 만들 수 있습니다. 수분이 버터보다 많이 들어가면 크림화된 반죽이 분리될 수 있는데, 이때는 가루와 액체의 믹싱 순서를 바꿔서 작업하는 편이 훨씬 좋은 효과를 낸답니다.

3 번트틀 대신 일반 직사각 파운드케이크틀을 사용할 경우에는 반죽이 남을 수 있으니, 파운드케이크틀에 유산지를 깔고 틀의 80% 정도까지 반죽을 채운 뒤 남은 반죽은 일회용 머핀틀이나 낱개로 된 미니 틀에 패닝해서 함께 구우세요. 이때는 170℃로 예열한 오븐에서 40~50분 정도 구우면 됩니다. 머핀틀이나 미니 틀에 굽는 반죽은 25분경에 나무 꼬치로 테스트를 한 뒤 파운드케이크틀 반죽보다 먼저 꺼내서 오버 베이크를 피하도록 합니다.

녹차파운드케이크
Green Tea Pound Cake

고급스런 파운드케이크를 찾는다면 단연 녹차파운드케이크를 꼽을 수 있지요. 녹차의 오묘한 맛과 향이 만들어내는 풍미가 참 매력적이랍니다. 녹차가루를 사용할 때는 반드시 색과 입자가 고운 말차가루를 사용하세요. 싱그런 연둣빛이 만들어내는 맛과 향에 폭 빠지도록.

18×9×7cm 직사각 파운드케이크틀(일반 미니 파운드케이크틀) 1개 분량 | 170℃ | 45~50분

중력분	160g
말차(녹차)가루	15g
베이킹파우더	4g

달걀	3개
무염버터	160g
우유	20g
다크럼	10g
설탕	160g
소금	2g

* 오븐은 170℃로 예열한다.
* 파운드케이크틀에 유산지를 깐다.

1
모든 재료는 실온 상태로 준비해서 찬기를 없앤다. 특히 버터는 실온에서 찬기가 완전히 가신 부드러운 크림 상태로 준비한다. 달걀은 알끈을 제거한 뒤 흰자와 노른자가 고루 섞이도록 잘 푼다. 밀가루와 말차(녹차)가루, 베이킹파우더는 체에 두세 번 정도 친다.

2
부드러운 버터에 설탕과 소금을 넣고 거품기로 저어 크림화한다. 설탕이 어느 정도 녹고 반죽이 연한 아이보리색이 되면서 풍부한 크림화가 완성되도록 믹싱볼 옆면을 깨끗이 긁어가며 정리한다.

3
크림화가 끝나면 달걀을 조금씩 나눠 넣으면서 계속 섞는다. 달걀을 섞는 중간 중간에 스패출러로 믹싱볼 옆면을 깨끗이 정리한다. 달걀이 버터와 섞이지 못한 채 볼 옆면에 그대로 붙어 있을 수 있으니 모든 재료들이 골고루 섞여 깨끗하고 매끈한 반죽이 되도록 주의해서 섞는다.

4
달걀이 골고루 섞여 크림화가 풍부하게 마무리되면 우유와 다크럼을 넣고 거품기를 사용해서 천천히 섞는다. 액체는 한꺼번에 넣지 말고 거품기를 한쪽 방향으로 저으면서 조금씩 흘려 넣어야 간혹 생길 수 있는 분리를 방지할 수 있다.

5
액체가 골고루 섞이면 가루류를 넣고 섞는다. 스패출러로 믹싱볼 옆면과 바닥을 긁으면서 바닥에 있는 반죽을 위로 퍼 올리는 느낌으로 섞는다.

6
가루류가 대충 섞이면 거품기를 사용해서 반죽이 매끈해지도록 잠깐 동안만 섞는다. 이때 오버 믹싱하지 않도록 주의한다.

7

스패출러로 믹싱볼 옆면과 바닥을 긁으면서 고른 반죽이 되도록 정리한다.

8

유산지를 깐 파운드케이크틀에 반죽을 패닝한다. 틀째 바닥에 두세 번 내리치고 가는 나무 꼬치나 젓가락으로 찔러서 반죽 바닥까지 닿게 한 뒤 살살 저어 반죽이 골고루 틀에 담기게 한다. 스패출러를 사용하여 가운데 부분으로 갈수록 낮아지고 양쪽 끝은 올라가도록 다듬는다. 170℃로 20분 이상 예열한 오븐에서 45~50분 정도 굽는다. 가는 나무 꼬치나 젓가락으로 케이크의 익은 정도를 확인하고, 오븐에서 꺼내자마자 낮은 높이에서 틀째 바닥에 살짝 떨어뜨려 충격을 준 뒤 바로 케이크틀을 빼고 식힘망에 얹어 충분히 식힌다.

× × × × × × × × × × × × × × × × × × × ×

Tip

일반적인 녹차가루를 사용하면 말차가루를 사용한 케이크에 비해 색이 탁하고 연하며 떫은맛이 더 강할 수 있어요. 말차(녹차)가루는 사용하는 브랜드나 종류에 따라 맛이나 향이 조금씩 차이 날 수 있으니, 평소 즐겨 먹는 것을 사용하세요.

단호박파운드케이크
Autumn Squash Pound Cake

제가 제일 자신 있게 만드는 파운드케이크예요. 다른 파운드케이크에 비해 달걀 배합률은 낮지만, 달콤한 단호박퓌레가 듬뿍 들어 있어 진하고 풍부한 맛과 함께 살강살강 씹히는 단호박의 식감이 정말 맛있어요. 돈 주고도 살 수 없는 최고의 선물용 케이크랍니다.

Recipe

윗지름 21×높이 10cm
번트틀 1개 분량
170℃ | 60분 이상

중력분	270g
시나몬파우더	2g
너트메그파우더	조금
베이킹파우더	6g
달걀	4개
무염버터	225g
설탕	240g
소금	3g
바닐라엑스트랙	15g
단호박퓌레	120g
단호박 깍둑썰기한 것	150g

* 오븐은 170℃로 예열한다.

Process

1
모든 재료는 실온 상태로 준비해서 찬기를 없앤다. 특히 버터는 실온에서 찬기가 완전히 가신 부드러운 크림 상태로 준비한다. 달걀은 알끈을 제거한 뒤 흰자와 노른자가 고루 섞이도록 잘 푼다. 밀가루와 시나몬파우더, 너트메그파우더, 베이킹파우더는 체에 두세 번 정도 친다.

2
버터를 번트틀에 붓으로 꼼꼼하게 바른 뒤 케이크 반죽을 만드는 동안 냉장고에 넣어둔다.

3
단호박은 껍질을 벗겨 준비한다. 퓌레용 단호박은 푹 익혀서 믹서에 곱게 갈고, 필링용 단호박은 살짝 익혀서 깍둑썰기한다.

4
버터를 믹싱볼에 넣고 마요네즈 상태로 부드럽게 푼 뒤 설탕과 소금을 넣고 거품기로 저어 크림화한다. 설탕이 어느 정도 녹고 반죽이 연한 아이보리색이 되면서 풍부한 크림화가 완성되도록 믹싱볼 옆면을 깨끗이 긁어가며 정리한다.

5
크림화가 끝나면 달걀을 조금씩 나눠 넣으면서 계속 섞는다. 달걀을 섞는 중간 중간에 스패출러로 믹싱볼 옆면을 깨끗이 정리한다. 달걀이 버터와 섞이지 못한 채 볼 옆면에 그대로 붙어 있을 수 있으니 모든 재료들이 골고루 섞여 깨끗하고 매끈한 반죽이 되도록 주의해서 섞는다.

6
체에 친 가루류를 넣고 섞는다. 스패출러로 11자를 긋듯이 믹싱볼 옆면과 바닥을 긁으면서 바닥의 반죽을 위로 퍼 올리는 느낌으로 섞는다. 이 방법을 반복한다.

7 날가루가 안 보일 정도까지 섞이면 단호박퓌레를 넣고 골고루 섞는다.

8 단호박퓌레가 섞이면 바닐라엑스트랙을 넣고 섞는다.

9 단호박 깍둑썰기한 것을 넣고 대충 섞는다.

10 스패츌러로 믹싱볼 옆면을 깨끗이 긁으면서 반죽을 매끈하게 정리한다.

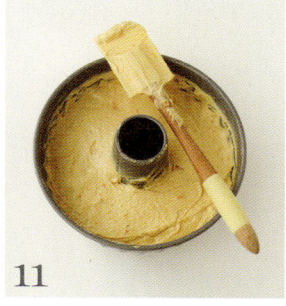

11 버터 바른 번트틀에 반죽을 패닝한다. 틀째 바닥에 두세 번 내리치고 가는 나무 꼬치나 젓가락으로 찔러서 반죽 바닥까지 닿게 한 뒤 살살 저어 반죽이 골고루 틀에 담기게 하고 스패츌러로 윗면이 평평하도록 반죽을 다듬는다. 170℃로 20분 이상 예열한 오븐에서 60분 이상 굽는다. 가는 나무 꼬치로 케이크 가운데 부분을 바닥까지 깊숙이 찔러서 꼬치에 반죽이 묻어나면 덜 구워진 것이니 이때는 5분 단위로 시간을 늘려가며 더 굽는다. 케이크는 오븐에서 꺼내자마자 낮은 높이에서 틀째 바닥에 살짝 떨어뜨려 충격을 준 뒤 바로 식힘망에 뒤집어 엎어서 번트틀을 빼고 충분히 식힌다.

Tip

1 단호박퓌레에 들어갈 단호박은 푹 익혀서 믹서에 곱게 갈아 사용하세요. 이와 달리 필링용 단호박은 지나치게 익히면 반죽에 섞일 때 형체가 뭉그러지고 풀어질 수 있으니, 단단함이 살아 있도록 겉만 살짝 익혀서 사용해야 케이크를 구웠을 때 예쁘게 유지됩니다. 깍둑썰기해서 반죽에 섞는 단호박은 물기가 적어 약간 팍팍한 상태인 것이 좋습니다. 물기가 많으면 물컹한 맛이 나지요. 그보다는 밤고구마 정도의 식감이 나는 단호박을 넣어야 씹는 맛이 살아 있어 단호박파운드케이크를 한층 맛있게 즐길 수 있습니다.

2 익힌 단호박은 완전히 식혀서 반죽에 섞으세요. 단호박에 뜨거운 온기가 남아 있으면 버터 크림화된 반죽이 녹을 수 있습니다.

3 번트틀이 아닌 직사각 파운드케이크틀을 사용할 경우에는 미리 유산지를 깔아서 준비하세요. 40~50분 구워 반죽의 익은 정도를 확인하고 덜 익었을 경우 5분 간격으로 좀 더 구우세요. 이 레시피로 직사각 파운드케이크틀에 구울 경우 18×9×7cm의 직사각 파운드틀(일반 미니파운드틀)로 2개 정도의 분량이 나옵니다.

아몬드럼프루트파운드케이크
Almond Rum Fruit Pound Cake

고소한 아몬드파우더와 그윽한 풍미의 럼에 절인 건과일을 넣고 구운 파운드케이크예요. 클래식한 맛과 향을 지녀 몇 번을 먹어도 질리지 않는, 중독성 있는 케이크입니다. 아몬드파우더는 케이크의 촉촉하고 진한 질감과 고소한 맛을 배가시키는 참 좋은 재료랍니다.

18×9×7cm 직사각 파운드케이크틀(일반 미니 파운드케이크틀)
1개 분량 | 170℃ | 40~50분

중력분 ····················· 140g
아몬드파우더 ············· 45g
베이킹파우더 ··············· 4g

달걀 ························· 3개
무염버터 ················· 120g
설탕 ····················· 120g
소금 ······················· 2g

건과일 ····················· 65g
다크럼 ····················· 30g
슬라이스아몬드 ············· 45g

토핑용 슬라이스아몬드 ·· 적당량

* 오븐은 170℃로 예열한다.
* 파운드케이크틀에 유산지를 깐다.

1
건과일은 적당한 크기로 잘라서 럼과 섞어 2~3시간 정도 불린다.

2
모든 재료는 실온 상태로 준비해서 찬기를 없앤다. 특히 버터는 실온에서 찬기가 완전히 가신 부드러운 크림 상태로 준비한다. 달걀은 알끈을 제거한 뒤 흰자와 노른자가 고루 섞이도록 잘 푼다. 밀가루와 아몬드파우더, 베이킹파우더는 체에 두세 번 정도 친다.

3
부드러운 버터에 설탕과 소금을 넣고 거품기로 저어 크림화한다. 설탕이 어느 정도 녹고 반죽이 연한 아이보리색이 되면서 풍부한 크림화가 완성되도록 믹싱볼 옆면을 깨끗이 긁어가며 정리한다.

4
크림화가 끝나면 달걀을 조금씩 나눠 넣으면서 계속 섞는다. 달걀을 섞는 중간 중간에 스패출러로 믹싱볼 옆면을 깨끗이 정리한다. 달걀이 버터와 섞이지 못한 채 볼 옆면에 그대로 붙어 있을 수 있으니 모든 재료들이 골고루 섞여 깨끗하고 매끈한 반죽이 되도록 주의해서 섞는다.

5
스패출러로 믹싱볼 옆면과 바닥을 깨끗하게 정리해서 반죽을 모은 뒤 체에 친 가루류의 반 정도를 넣고 섞는다.

6
반죽에 가루가 대충 섞이면 나머지 가루류를 넣고 그 위에 럼에 불린 건과일과 럼을 모두 넣은 뒤 살살 섞어 건과일에 가루가 골고루 코팅되도록 한다.

7

스패출러로 반죽을 대충 두세 번 정도 뒤섞은 뒤 슬라이스아몬드를 넣고 골고루 섞는다. 바닥의 반죽을 위로 퍼 올리며 섞는다.

8

스패출러로 믹싱볼 옆면을 깨끗이 긁으면서 반죽을 매끈하게 정리한다.

9

유산지를 깐 파운드케이크틀에 반죽을 패닝한다. 틀째 바닥에 두세 번 내리치고 가는 나무 꼬치나 젓가락으로 찔러서 반죽 바닥까지 닿게 한 뒤 살살 저어 반죽이 골고루 틀에 담기게 한다. 스패출러를 사용하여 반죽이 가운데 부분으로 갈수록 낮아지고 양쪽 끝은 올라가도록 다듬은 뒤 토핑용 슬라이스아몬드를 반죽 윗면에 살짝 뿌린다. 170℃로 20분 이상 예열한 오븐에서 40~50분 정도 굽는다. 가는 나무 꼬치로 케이크 가운데 부분을 바닥까지 깊숙이 찔러서 익은 정도를 확인한다. 다 구워지면 오븐에서 꺼내자마자 낮은 높이에서 틀째 바닥에 살짝 떨어뜨려 충격을 준 뒤 바로 식힘망에 뒤집어 엎어서 케이크틀을 빼고 충분히 식힌다.

블루베리파운드케이크
Blueberry Pound Cake

파운드케이크의 클래식한 레시피 중 하나인 블루베리파운드케이크예요. 일반적인 파운드케이크에 비해 설탕이나 버터, 달걀의 배합률이 낮아 파운드케이크 특유의 진하고 묵직한 식감은 덜하지만, 사워크림이 만들어낸 부드럽고 촉촉한 식감과 상큼하게 씹히는 블루베리의 조화가 뛰어나지요.

윗지름 16×높이 10cm
구겔호프틀 1개 분량
170℃ | 40~50분

중력분 ····················· 170g
아몬드파우더 ············· 30g
베이킹파우더 ··············· 4g

달걀 ···························· 2개
무염버터 ··················· 130g
사워크림 ···················· 30g
설탕 ························· 120g
소금 ··························· 2g
바닐라엑스트랙 ··············· 5g

블루베리 ···················· 70g
중력분 ······················· 조금

* 오븐은 170℃로 예열한다.

1
모든 재료는 실온 상태로 준비해서 찬기를 완전히 없앤다. 특히 버터는 실온에서 찬기가 완전히 가신 부드러운 크림 상태로 준비한다. 달걀은 알끈을 제거한 뒤 흰자와 노른자가 고루 섞이도록 잘 푼다. 밀가루와 아몬드파우더, 베이킹파우더는 체에 두세 번 정도 친다.

2
버터를 구겔호프틀에 붓으로 꼼꼼하게 바른 뒤 케이크 반죽을 만드는 동안 냉장고에 넣어둔다.

3
블루베리에 밀가루를 조금 뿌리고 살살 굴려 코팅한다.

4
버터를 믹싱볼에 넣고 마요네즈 상태로 부드럽게 푼 뒤 설탕과 소금을 넣고 거품기로 저어 크림화한다. 설탕이 어느 정도 녹고 반죽이 연한 아이보리색이 되면서 풍부한 크림화가 완성되도록 믹싱볼 옆면을 깨끗이 긁어가며 정리한다.

5
크림화가 끝나면 달걀을 조금씩 나눠 넣으면서 계속 섞는다. 달걀을 섞는 중간 중간에 스패츌러로 믹싱볼 옆면을 깨끗이 정리한다. 달걀이 버터와 섞이지 못한 채 볼 옆면에 그대로 붙어 있을 수 있으니 모든 재료들이 골고루 섞여 깨끗하고 매끈한 반죽이 되도록 주의해서 섞는다.

6
크림화된 반죽에 사워크림과 바닐라엑스트랙을 넣고 골고루 섞는다.

7

액체가 골고루 섞이면 가루류를 넣고 섞는다. 스패출러로 믹싱볼 옆면과 바닥을 긁으면서 바닥에 있는 반죽을 위로 퍼 올리는 느낌으로 섞는다.

8

가루류가 골고루 섞이면 블루베리를 넣고 대충 뒤적여서 섞는다.

9

스패출러로 믹싱볼 옆면을 깨끗이 긁으면서 반죽을 매끈하게 정리한다.

10

버터 바른 구겔호프틀에 반죽을 패닝한다. 틀째 바닥에 두세 번 내리치고 가는 나무 꼬치나 젓가락으로 찔러서 반죽 바닥까지 닿게 한 뒤 살살 저어 반죽이 골고루 틀에 담기게 하고 스패출러로 윗면이 평평하도록 반죽을 다듬는다. 170℃로 20분 이상 예열한 오븐에서 40~50분 정도 굽는다. 가는 나무 꼬치나 젓가락으로 케이크의 익힘 여부를 확인하고, 오븐에서 꺼내자마자 낮은 높이에서 틀째 바닥에 살짝 떨어뜨려 충격을 준 뒤 바로 식힘망에 뒤집어 엎어서 구겔호프틀을 빼고 충분히 식힌다.

레몬포피시드파운드케이크
Lemon Poppy Seed Pound Cake

파운드케이크의 클래식한 레시피 중 하나인 레몬포피시드파운드케이크는 상큼한 레몬 향과 입안에서
톡톡 터지는 포피시드의 식감이 독특한 케이크입니다. 레몬 껍질을 곱게 갈아서 설탕으로 잠시 버무
린 뒤 사용하면 레몬 향이 설탕에 은은하게 배어 파운드케이크의 풍미가 깊어진답니다.

Recipe

15×8×5.5cm
미니 파운드케이크틀 2개 분량
170℃ | 30~35분

중력분 ·················· 170g
베이킹파우더 ··············· 4g

달걀 ······················· 3개
무염버터 ················· 140g
사워크림 ·················· 40g
레몬즙 ···················· 10g
설탕 ····················· 130g
소금 ······················· 2g

포피시드 ·················· 20g
레몬 ······················· 1개
다크럼 ····················· 5g

* 오븐은 170℃로 예열한다.

Process

1 모든 재료는 실온 상태로 준비해서 찬기를 없앤다. 특히 버터는 실온에서 찬기가 완전히 가신 부드러운 크림 상태로 준비한다. 달걀은 알끈을 제거한 뒤 흰자와 노른자가 고루 섞이도록 잘 푼다. 밀가루와 베이킹파우더는 체에 두세 번 정도 친다.

2 미니 파운드케이크틀에 유산지를 깐다.

3 레몬은 표면을 소금으로 문질러서 깨끗하게 닦아 물기를 제거한 뒤 제스터를 사용하여 껍질 부분만 긁어 레몬 제스트를 만든다.

4 레몬 제스트를 설탕에 섞어 30분 정도 두어 설탕에 레몬 향이 배게 한다.

5 부드러운 버터에 레몬 제스트를 섞은 설탕, 소금을 넣고 거품기로 저어 크림화한다. 설탕이 어느 정도 녹고 반죽이 연한 아이보리색이 되면서 풍부한 크림화가 완성되도록 믹싱볼 옆면을 깨끗이 긁어가며 정리한다.

6 크림화가 끝나면 달걀을 조금씩 나눠 넣으면서 계속 섞는다. 달걀을 섞는 중간 중간에 스패출러로 믹싱볼 옆면을 깨끗이 정리한다. 달걀이 버터와 섞이지 못한 채 볼 옆면에 그대로 붙어 있을 수 있으니 모든 재료들이 골고루 섞여 깨끗하고 매끈한 반죽이 되도록 주의해서 섞는다.

✕ ✕ ✕ ✕ ✕ ✕ ✕ ✕ ✕ ✕ ✕ ✕ ✕ ✕ ✕ ✕ ✕ ✕ ✕ ✕

Tip

1 레몬은 껍질 부분을 굵은소금으로 박박 문질러서 닦아 사용하세요. 제스트를 만들 때 레몬 껍질 안쪽의 흰 부분이 함께 갈리면 쓰고 떫은맛이 날 수 있으니 노란 껍질 부분만 갈아 쓰세요.
2 미니 파운드틀이 없을 경우 18×9×7cm의 직사각 파운드틀(일반 미니파운드틀) 1개에 유산지를 깔고 45~50분 정도 구우세요.

7

달걀이 골고루 섞여 크림화가 풍부하게 마무리되면 가루류를 넣고 섞는다. 스패출러로 믹싱볼 옆면과 바닥을 긁으면서 바닥에 있는 반죽을 위로 퍼 올리는 느낌으로 섞는다.

8

가루류가 대충 섞이면 거품기를 사용해서 사워크림과 레몬즙, 럼을 넣고 골고루 섞는다.

9

액체류가 골고루 섞이면 포피시드를 넣고 거품기로 골고루 섞는다.

10

스패출러로 믹싱볼 옆면을 깨끗이 긁으면서 반죽을 매끈하게 정리한다.

11

유산지를 깐 미니 파운드케이크 틀에 반죽을 패닝한다. 틀째 바닥에 두세 번 내리치고 가는 나무 꼬치나 젓가락으로 찔러서 반죽 바닥까지 닿게 한 뒤 살살 저어 반죽이 골고루 틀에 담기게 한다. 스패출러를 사용해서 반죽 가운데 부분은 우묵하게 들어가고 양끝으로 갈수록 올라오게 다듬는다. 170℃로 20분 이상 예열한 오븐에서 30~35분 정도 굽는다. 다 구워지면 오븐에서 꺼내자마자 낮은 높이에서 바닥에 살짝 내리쳐 충격을 주고 식힘망에 얹어 식힌다.

코코넛미니플라워파운드케이크
Coconut Mini Flower Pound Cake

향긋한 이 케이크는 단맛은 적고 식감은 뽀송뽀송한 파운드케이크입니다. 작은 꽃 모양 머핀틀에
구워 귀엽고 깜찍해서 아이들이 정말 좋아해요. 슈거파우더를 솔솔 뿌려서 입안에 넣으면 가볍게
씹히는 코코넛파우더의 달콤하고 촉촉한 식감이 티타임에 참 잘 어울리는 파운드케이크입니다.

윗지름 5×높이 2.5cm
꽃 모양 머핀틀 6~7개 분량
180℃ | 20~25분

중력분	50g
코코넛파우더	10g
베이킹파우더	1g

달걀	40g
무염버터	40g
무가당 코코넛밀크	30g
설탕	30g
소금	조금(1꼬집)
바닐라엑스트랙	3g

* 오븐은 180℃로 예열한다.

Process

1
모든 재료는 실온 상태로 준비해서 찬기를 없앤다. 특히 버터는 실온에서 찬기가 완전히 가신 부드러운 크림 상태로 준비한다. 달걀은 알끈을 제거한 뒤 흰자와 노른자가 고루 섞이도록 잘 푼다. 밀가루와 코코넛파우더, 베이킹파우더는 체에 두세 번 정도 친다.

2
버터를 꽃 모양 머핀틀에 붓으로 꼼꼼하게 바른 뒤 케이크 반죽을 만드는 동안 냉장고에 넣어둔다.

3
버터를 믹싱볼에 넣고 마요네즈 상태로 부드럽게 푼 뒤 설탕과 소금 조금을 넣고 거품기로 저어 크림화한다. 설탕이 어느 정도 녹고 반죽이 연한 아이보리색이 되면서 풍부한 크림화가 완성되도록 믹싱볼 옆면을 깨끗이 긁어가며 정리한다.

4
크림화가 끝나면 달걀을 두 번에 나눠 넣으면서 계속 섞는다.

5
달걀이 다 섞이면 가루류를 넣고 섞는다.

6
가루류가 대충 섞이면 코코넛밀크와 바닐라엑스트랙을 넣고 골고루 섞는다.

7
믹싱볼 옆면을 깨끗이 긁으면서 반죽을 매끈하게 정리한다.

8
버터 바른 머핀틀에 아이스크림 스쿠프나 숟가락으로 반죽을 떠서 적당하게 패닝한다. 틀째 바닥에 두세 번 내리친 뒤 180℃로 20분 이상 예열한 오븐에서 20~25분 정도 굽는다. 다 구워지면 포크로 케이크를 살짝 찍어서 꺼낸 뒤 식힘망에 얹어 식힌다.

Tip

1 코코넛은 건조된 상태의 입자가 고운 파우더를 사용하세요. 설탕에 절인 슬라이스코코넛은 식감이 질깃해서 먹기 불편하지만, 건조된 코코넛파우더는 입자가 고와 부드러운 질감을 만드는 데 도움이 됩니다.
2 액체 재료로 코코넛밀크를 넣으면 맛이 더 진하고 리치한 케이크가 됩니다. 코코넛밀크 대신 우유를 사용해도 되지만, 풍미나 식감 면에서 차이가 있지요.
3 꽃 모양의 낮은 머핀틀이 없다면 낮은 높이의 미니 사이즈 머핀틀이나 마들렌틀을 사용하세요. 이때는 패닝되는 반죽의 크기와 두께에 따라 굽는 시간을 조절해야 합니다.

바닐라머핀
Vanilla Muffin

바닐라머핀은 머핀의 기본이지요. 머핀은 버터케이크류에 비해 가루 배합률이 높아 식감이 푸슬푸슬하고 퍽퍽한 느낌이 들기 때문에 많은 양의 액체를 넣어 촉촉한 식감을 유지할 수 있게 만듭니다. 버터와 설탕의 함량이 높아질수록 더 부드러운 케이크 결과 촉촉한 식감을 가진 머핀을 만들 수 있지만, 머핀의 매력은 질리지 않는 담백함에 있으니 그 나름대로의 맛과 풍미를 즐기는 것도 좋겠지요. 기본 바닐라머핀에 좋아하는 여러 가지 필링을 넣어서 맛있고 다양한 머핀을 만들어 즐기세요.

윗지름 7/밑지름 5×높이 3cm
머핀틀 6~7개 분량
180℃ | 20~25분

중력분 ························· 160g
베이킹파우더 ················ 4g

달걀 ····························· 1개
무염버터 ····················· 90g
사워크림 ····················· 50g
우유 ··························· 50g
설탕 ·························· 100g
소금 ···························· 2g
바닐라엑스트랙 ············· 5g

* 오븐은 180℃로 예열한다.

1
모든 재료는 실온 상태로 준비해서 찬기를 없앤다. 특히 버터는 실온에서 찬기가 완전히 가신 부드러운 크림 상태로 준비한다. 달걀은 알끈을 제거한 뒤 흰자와 노른자가 고루 섞이도록 잘 푼다. 우유와 사워크림은 섞고 밀가루와 베이킹파우더는 체에 두세 번 정도 친다.

2
버터는 덩어리진 것 없이 크림처럼 매끈하고 부드럽게 되도록 푼다.

3
부드러운 버터에 설탕과 소금을 넣고 거품기로 저어 크림화한다. 설탕이 어느 정도 녹고 반죽이 연한 아이보리색이 되면서 풍부한 크림화가 완성되도록 믹싱볼 옆면을 깨끗이 긁어가며 정리한다.

4
크림화가 끝나면 달걀을 조금씩 나눠 넣으면서 계속 섞는다. 달걀을 섞는 중간 중간에 스패출러로 믹싱볼 옆면을 깨끗이 정리한다. 달걀이 버터와 섞이지 못한 채 볼 옆면에 그대로 붙어 있을 수 있으니 모든 재료들이 골고루 섞여 깨끗하고 매끈한 반죽이 되도록 주의해서 섞는다.

5
달걀이 골고루 섞여 크림화가 풍부하게 마무리되면 가루류의 반을 넣고 거품기를 사용해서 날가루가 안 보일 만큼만 천천히 저어가며 섞는다.

6
반죽에 우유와 사워크림 섞은 것을 넣고 골고루 섞는다.

7

액체가 대충 섞이면 남은 가루류를 모두 넣고 날가루가 보이지 않을 만큼 섞는다.

8

가루가 골고루 섞이면 바닐라엑스트랙을 넣고 섞는다. 이때 믹싱볼 옆면을 깨끗이 정리하여 겉도는 반죽 없이 골고루 섞이도록 한다.

9

유산지를 끼운 머핀틀에 반죽을 패닝하고 틀째 바닥에 두세 번 내리쳐서 반죽이 골고루 틀에 담기게 한다. 180℃로 20분 이상 예열한 오븐에서 20~25분 정도 굽는다. 머핀의 가운데 부분을 나무 꼬치로 찔러서 아무것도 묻어나지 않으면 다 익은 것이니 오버 베이킹하지 않도록 주의한다. 다 구워지면 오븐에서 꺼내 바로 틀에서 뺀 뒤 식힘망에 얹어 식힌다.

Tip

1 머핀은 나라별로 케이크류나 퀵 브레드류로 분류하는데, 만드는 기법으로 분류하자면 파운드케이크와 같이 크림법을 따릅니다. 다른 버터케이크류에 비해 가루와 액체의 배합률이 높기 때문에 가루와 액체를 번갈아 섞는 것이 뽀송뽀송한 질감을 만드는 포인트예요. 따라서 번거롭더라도 모든 과정을 정확하게 짚고 넘어가야 위로 예쁘게 부풀어 오른 머핀을 만들 수 있지요.

2 머핀은 가루 배합률이 높은데, 그렇다고 가루를 한꺼번에 반죽에 넣으면 오버 믹싱할 수 있어요. 앞서도 말했듯이 이때는 액체와 번갈아 넣는 것이 좋은 식감을 내는 방법입니다. 이 레시피의 2배 분량의 머핀을 만들 경우에는 가루류와 액체의 양도 늘어나니 가루와 액체를 섞을 때 가루는 세 번에, 액체는 두 번에 나눠 번갈아가며 섞되, 반드시 마지막은 가루로 마쳐야 합니다.

3 머핀 만들 때 크림화가 지나치면 위로 봉긋하게 부풀지 못하고 옆으로 퍼져서 납작한 머핀이 됩니다. 풍부한 크림화는 버터와 설탕을 섞는 단계에서 마무리하고, 달걀을 섞을 때는 오버 믹싱하지 않도록 각별히 주의하세요.

4 머핀틀에 반죽을 넣을 때는 가득 채워야 먹음직스럽고 볼륨이 풍부한 머핀이 완성됩니다. 또 머핀 반죽을 붓고 남아 있는 빈 틀에 뜨거운 물을 부어서 구우면 스팀 효과가 발생하여 머핀이 더 예쁘고 봉긋하게 부풀어 올라 자연스럽게 터집니다.

5 견과류나 건과일 등 필링을 첨가한 머핀을 구울 경우 필링 양은 밀가루의 50~60% 정도가 적당합니다. 초콜릿머핀을 구울 경우 밀가루 양의 15~20% 정도를 밀가루 대신 코코아파우더로 넣으면 좋습니다.

아몬드초콜릿칩머핀
Almond Chocolate Chips Muffin

아이들이 제일 좋아하는 초콜릿칩머핀. 바닐라파
운드케이크와 더불어 홈베이커라면 가장 처음에,
또 가장 많이 만들어 먹는 머핀이지요. 아몬드파우
더를 조금 섞어서 구워보세요. 식감이 한결 촉촉하
고 진해져서 맛있게 먹을 수 있답니다.

윗지름 7/아랫지름 5×
높이 3cm 머핀틀 6~7개 분량
180℃ | 20~25분

중력분 ························· 130g
아몬드파우더 ··············· 30g
베이킹파우더 ················· 4g

달걀 ···························· 1개
무염버터 ······················ 85g
우유 ···························· 85g
초콜릿칩 ······················ 80g
설탕 ··························· 100g
소금 ···························· 2g
바닐라엑스트랙 ·············· 5g
토핑용 초콜릿칩 ·········· 적당량

* 오븐은 180℃로 예열한다.

Process

1 모든 재료는 실온 상태로 준비해서 찬기를 없앤다. 특히 버터는 실온에서 찬기가 완전히 가신 부드러운 크림 상태로 준비한다. 달걀은 알끈을 제거한 뒤 흰자와 노른자가 고루 섞이도록 잘 푼다. 밀가루와 아몬드파우더, 베이킹파우더는 체에 두세 번 정도 친다.

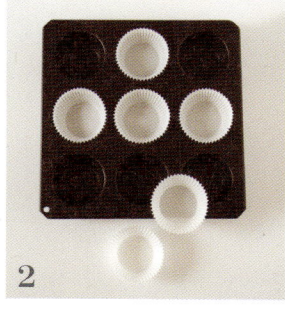

2 머핀틀에 유산지를 끼운다.

3 버터는 덩어리진 것 없이 매끈하고 부드럽게 되도록 푼다.

4 부드러운 버터에 설탕과 소금을 넣고 거품기로 저어 크림화한다.

5 설탕이 어느 정도 녹고 반죽이 연한 아이보리색이 되면서 풍부한 크림화가 완성되도록 믹싱볼 옆면을 깨끗이 긁어가며 정리한다.

6 크림화가 끝나면 달걀을 조금씩 나눠 넣으면서 계속 섞는다. 달걀을 섞는 중간 중간에 스패출러로 믹싱볼 옆면을 깨끗이 정리한다. 달걀이 버터와 섞이지 못한 채 볼 옆면에 그대로 붙어 있을 수 있으니 모든 재료들이 골고루 섞여 깨끗하고 매끈한 반죽이 되도록 주의해서 섞는다.

Tip

1 아몬드파우더는 반드시 밀가루와 함께 섞어서 체에 친 뒤 사용하세요. 밀가루보다 수분이 많아 훨씬 잘 뭉치기 때문에 반죽에 덩어리째 섞이기 쉬워요.

2 취향에 맞는 초콜릿칩을 사용하세요. 달콤하고 맛있는 밀크초콜릿이 가장 무난하지만, 때에 따라서는 다크초콜릿도 머핀과 잘 어울려요. 초콜릿칩을 토핑으로 반죽에 올릴 때는 가운데 부분에 몰아서 얹어야 구웠을 때 옆으로 퍼져 모양이 예쁘답니다. 반죽 윗면에 넓게 얹으면 반죽이 부풀어 오르면서 끝부분이 밑으로 내려앉을 때 초콜릿칩 토핑도 밑으로 흘러서 머핀 위가 아닌 옆에 붙을 수 있어요.

7

달걀이 골고루 섞여 크림화가 풍부하게 마무리되면 가루류의 반을 넣고 거품기를 사용해서 날가루가 안 보일 만큼만 천천히 저어가며 섞는다.

8

반죽에 우유를 넣고 골고루 섞는다.

9

우유가 대충 섞이면 남은 가루류를 모두 넣고 날가루가 보이지 않을 만큼 골고루 섞는다.

10

가루류가 다 섞이면 바닐라엑스트랙을 넣고 섞는다.

11

초콜릿칩을 반죽에 넣고 스패출러로 아래에서 위로 반죽을 퍼 올리며 섞는다.

12

믹싱볼 옆면을 깨끗이 긁어가며 정리하여 겉도는 반죽 없이 골고루 섞이도록 한다.

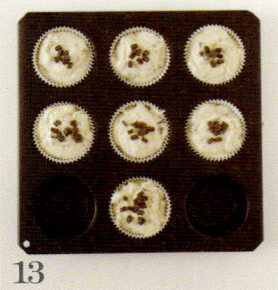

13

유산지를 끼운 머핀틀에 반죽을 패닝한다. 틀째 바닥에 두세 번 내리쳐서 반죽이 골고루 틀에 담기게 한 뒤 윗면에 초콜릿칩을 조금씩 올린다. 빈 틀에는 뜨거운 물을 부은 뒤 180℃로 20분 이상 예열한 오븐에서 20~25분 정도 굽는다. 머핀의 가운데 부분을 나무 꼬치로 찔러서 아무것도 묻어나지 않으면 다 익은 것이니 오버 베이킹하지 않도록 주의한다.

모카월넛머핀
Mocha Walnut Muffin

고소한 호두를 듬뿍 넣어 구운 모카월넛머핀은 은은한 커피 향을 지닌 달지 않고 깔끔한 머핀입니다. 머핀도 다른 케이크와 마찬가지로 하루 정도 숙성시켜 먹는 것이 더 맛있어요. 오븐에서 갓 구운 머핀은 맛의 조화가 느껴지지 않지만 하루 정도 지나면 적당한 단맛과 적당하게 부드러운 식감, 씹을 때마다 느껴지는 호두의 고소함이 조화를 이뤄 참 맛있는 머핀으로 변신한답니다.

윗지름 7/아랫지름 5×높이 3cm
머핀틀 6~7개 분량
180℃ | 20~25분

우리밀 백밀가루	175g
베이킹파우더	4g
베이킹소다	1g
달걀	1개
무염버터	55g
사워크림	50g
우유	60g
인스턴트커피	5g
다크럼	5g
호두 잘게 다진 것	50g
설탕	120g
소금	2g
토핑용 호두	적당량

* 오븐은 180℃로 예열한다.

Process

1 모든 재료는 실온 상태로 준비해서 찬기를 없앤다. 특히 버터는 실온에서 찬기가 완전히 가신 부드러운 크림 상태로 준비한다. 달걀은 알끈을 제거한 뒤 흰자와 노른자가 고루 섞이도록 잘 푼다. 살짝 데운 우유에 인스턴트커피를 넣고 녹인 뒤 완전히 식으면 사워크림과 골고루 섞는다. 밀가루와 베이킹파우더, 베이킹소다는 체에 두세 번 정도 친다. 호두는 오븐에서 살짝 구워 잘게 부순다.

2 부드러운 버터에 설탕과 소금을 넣고 거품기로 저어 크림화한다. 설탕이 어느 정도 녹고 반죽이 연한 아이보리색이 되면서 풍부한 크림화가 완성되도록 믹싱볼 옆면을 깨끗이 긁어가며 정리한다. 버터 양이 적어 처음에는 뻑뻑할 수 있지만 계속 저으면 부드러워진다.

3 크림화가 끝나면 달걀을 조금씩 나눠 넣으면서 계속 섞는다.

4 달걀이 골고루 섞여 크림화가 풍부하게 마무리되면 체에 친 가루류의 반을 넣고 거품기를 사용해서 날가루가 안 보일 만큼만 천천히 저어가며 섞는다.

5 가루류가 대충 섞이면 커피우유액과 사워크림 섞은 것을 넣고 골고루 섞는다.

6 액체가 대충 섞이면 남은 가루류를 모두 넣고 날가루가 보이지 않을 정도까지 섞는다.

7

가루가 골고루 섞이면 호두 다진 것과 럼을 넣고 골고루 섞는다.

8

스패출러로 믹싱볼 옆면을 깨끗이 정리하여 겉도는 반죽 없이 골고루 섞이도록 마무리한다.

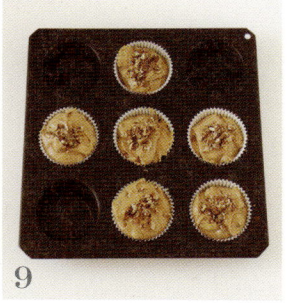

9

유산지를 끼운 머핀틀에 반죽을 패닝한다. 틀째 바닥에 두세 번 내리쳐서 반죽이 골고루 틀에 담기게 한 뒤 윗면에 호두를 조금씩 올린다. 빈 틀에는 뜨거운 물을 부은 뒤 180℃로 20분 이상 예열한 오븐에서 20~25분 정도 굽는다. 머핀의 가운데 부분을 나무 꼬치로 찔러서 아무것도 묻어나지 않으면 다 익은 것이니 오버 베이킹하지 않도록 주의한다.

xxxxxxxxxxxxxxxxxxxxxxxxx

Tip

1 호두는 물에 10분 정도 삶아서 불순물을 제거한 뒤 오븐에 구워서 사용하세요. 그냥 사용해도 무방하지만 구우면 고소한 맛이 증가해 머핀의 풍미가 좋아지지요.

2 머핀에 사용하는 액체 재료는 우유나 사워크림 둘 중 어느 것을 사용해도 되는데요. 그중에 사워크림은 유지가 들어 있어 식감을 더 부드럽고 촉촉하게 만듭니다. 우유나 사워크림을 단독으로 사용해도 되고 반씩 섞어서 사용해도 됩니다. 입맛에 맞게 조절하세요.

크림치즈머핀
Cream Cheese Muffin

진하고 풍부한 맛과 향을 지닌 크림치즈머핀이에요. 크림치즈와 상큼한 무
가당 플레인 요구르트를 넣어 속살이 촉촉하고 부드럽지요. 버터 함량이 낮
은데다 맛은 순하고 부드러워 아기 이유식으로 추천하는 머핀이랍니다.

> ### *Tip*
> **1** 크림치즈도 버터와 마찬가지로 실온에
> 두어 찬기가 완전히 사라진 뒤에 크림화
> 해야 합니다. 버터 크림화는 머핀의 식감
> 과 볼륨을 결정하는 중요한 요인인 만큼
> 철저한 사전 준비 뒤에 만들도록 하세요.
> **2** 거품기로 가루와 액체를 섞을 때는 천천
> 히 원을 그리며 잠깐 동안만 섞어야 합니
> 다. 오버 믹싱하면 글루텐이 형성되어 머
> 핀의 식감이 질깃하고 단단해질 수 있기
> 때문이에요.

윗지름 7/아랫지름 5×높이 3cm
머핀틀 6~7개 분량
180℃ | 20~25분

중력분	150g
베이킹파우더	4g
달걀	1개
크림치즈	70g
무염버터	50g
설탕	100g
소금	2g
무가당 플레인 요구르트	100g
바닐라엑스트랙	5g

* 오븐은 180℃로 예열한다.

Process

1 모든 재료는 실온 상태로 준비해서 찬기를 없앤다. 특히 버터는 실온에서 찬기가 완전히 가신 부드러운 크림 상태로 준비한다. 달걀은 알끈을 제거한 뒤 흰자와 노른자가 고루 섞이도록 잘 푼다. 밀가루와 베이킹파우더는 체에 두세 번 정도 친다. 머핀틀에 유산지를 끼운다.

2 부드러운 버터와 크림치즈에 설탕과 소금을 넣고 거품기로 저어 크림화한다. 설탕이 어느 정도 녹고 반죽이 연한 아이보리색이 되면서 풍부한 크림화가 완성되도록 믹싱볼 옆면을 깨끗이 긁어가며 정리한다. 버터 양이 적어 처음에는 뻑뻑할 수 있지만 계속 저으면 부드러워진다.

3 크림화가 끝나면 달걀을 조금씩 나눠 넣으면서 계속 섞는다.

4 달걀이 골고루 섞여 크림화가 풍부하게 마무리되면 체에 친 가루류의 반을 넣고 거품기를 사용해서 날가루가 안 보일 만큼만 천천히 저어가며 섞는다.

5 반죽에 플레인 요구르트를 넣고 골고루 섞는다.

6 플레인 요구르트가 대충 섞이면 남은 가루류를 모두 넣고 날가루가 보이지 않을 정도까지 섞는다.

7 가루가 골고루 섞이면 바닐라엑스트랙을 넣고 섞는다.

8 스패출러로 믹싱볼 옆면을 깨끗이 정리하여 겉도는 반죽 없이 골고루 섞이도록 마무리한다.

9 유산지를 끼운 머핀틀에 반죽을 패닝한 뒤 틀째 바닥에 두세 번 내리친다. 빈 틀에는 뜨거운 물을 부은 뒤 180℃로 20분 이상 예열한 오븐에서 20~25분 정도 굽는다. 가는 나무 꼬치로 케이크의 익은 정도를 확인하여 오버 베이킹하지 않도록 주의한다.

Basic Recipe 투스테이지법

바닐라아몬드벨벳케이크
Vanilla Almond Velvet Cake

투스테이지법으로 만드는 바닐라아몬드벨벳케이크는
입안에서 사르르 녹아내릴 만큼 촉촉하고 부드러운 케이크입니다.
묵직하고 탄력 있는 파운드케이크에 비해 벨벳이라는 이름이 어울릴 만큼
부드럽고 촉촉한 식감을 지녔지요. 그 식감은 많은 양의 액체를 사용하여 만들어지는 만큼
반죽의 완성도가 매우 중요합니다. 아몬드파우더가 주는 고소하고
진한 촉촉함을 예쁜 케이크에 담아보세요.

Recipe

윗지름 21 × 높이 10cm
번트틀 1개 분량
170℃ | 50〜60분

중력분	220g
아몬드파우더	50g
베이킹파우더	7g
설탕	270g
소금	3g

무염버터	170g

달걀	4개
우유	190g
다크럼	15g
바닐라엑스트랙	5g

* 오븐은 170℃로 예열한다.

1

모든 재료는 전자저울을 사용하여 정확하게 계량한다. 밀가루와 아몬드파우더, 베이킹파우더, 소금은 큰 믹싱볼에 함께 담아 한꺼번에 계량한다. 우유와 달걀, 버터는 실온 상태로 준비해서 찬기를 없앤다. 특히 버터는 실온에서 찬기가 완전히 가신 부드러운 크림 상태로 준비한다.

2

버터를 번트틀에 붓으로 꼼꼼하게 바른다. 다양한 모양을 가진 번트틀은 유산지를 깔기 어렵기 때문에 반드시 버터를 발라야 완성된 파운드케이크의 모양이 손상되지 않고 예쁘게 나온다. 버터를 골고루 바른 번트틀은 케이크 반죽을 만드는 동안 냉장고에 넣어둔다. 그러면 버터가 굳어서 흘러내리지 않고 틀에 잘 코팅된다.

3

버터는 실온에 두어 찬기가 전혀 없이 마요네즈 같은 부드러운 크림 상태로 준비한다.

4

달걀과 우유, 럼과 바닐라엑스트랙을 준비한다. 모든 액체는 버터와 마찬가지로 실온에 두어 찬기가 전혀 없는 상태여야 한다. 달걀은 알끈을 제거한다.

5

달걀과 우유, 럼과 바닐라엑스트랙을 함께 넣고 골고루 섞는다. 이때 달걀은 군데군데 뭉쳐서 덩어리진 것이 없도록 잘 풀어서 매끈한 상태가 되도록 한다.

6

계량한 가루류와 설탕을 준비한다. 밀가루를 계량할 때 설탕을 함께 계량해도 무방하다.

7

믹싱볼에 가루류와 설탕을 넣고 거품기로 30초 정도 휘저으며 골고루 섞는다. 이 과정에서 뭉친 가루류들이 골고루 풀어질 수 있도록 믹싱볼 옆면을 긁으면서 원을 그리듯 거품기를 돌려가며 전체적으로 섞는다.

8

고루 섞인 가루류에 크림 상태의 부드러운 버터를 넣고, 미리 섞어둔 액체의 반 정도를 넣는다.

9

핸드믹서나 스탠드믹서를 사용해서 골고루 믹싱한다. 가루류와 액체가 뭉치도록 저속에서 천천히 2분 정도 믹싱하되, 날가루가 안 보일 때까지 믹싱한다.

10

날가루가 안 보일 정도로 반죽이 골고루 섞이면 속도를 중속으로 올려서 반죽이 부드러워질 때까지 2분 정도 골고루 믹싱한다.

11

액체와 가루가 뭉쳐서 골고루 믹싱되면 스패출러로 믹싱볼 옆면을 깨끗이 정리하면서 겉도는 재료 없이 모든 반죽이 완전하게 섞이도록 한다.

12

반 정도 남은 액체를 세 번에 나눠 넣고 믹싱한다. 액체를 한 번씩 추가할 때마다 중속에서 대략 1분 정도 믹싱하되, 그 이상으로 오버 믹싱하지 않도록 한다.

13

14

15

액체를 나눠 넣고 믹싱할 때마다 스패출러로 믹싱볼 옆면의 반죽을 깨끗이 정리한다.

믹싱이 모두 끝나면 거품기를 사용해서 반죽을 30초 정도 천천히 한쪽 방향으로 젓는다. 이때 거품기로 믹싱볼 바닥과 옆면을 긁으면서 전체적으로 반죽을 고르게 정리한다. 완성된 반죽은 상태가 매우 묽으며 입자가 안 보일 정도로 매끈하고 고른 표면을 가진다.

버터 바른 케이크틀에 반죽을 패닝한다. 틀째 바닥에 두세 번 내리치고 가는 나무 꼬치나 젓가락으로 찔러서 반죽 바닥까지 닿게 한 뒤 전체적으로 원을 그리면서 젓는다. 주름이나 굴곡이 많은 틀을 사용할 경우 그 모양대로 군데군데 골고루 저어서 반죽이 완전하게 담기도록 한다.

16

170℃로 20분 이상 예열한 오븐에서 50~60분 정도 굽는다. 사용하는 오븐에 따라 약간씩 차이는 있으니 50분 정도에서 가는 나무 꼬치나 젓가락으로 케이크의 가운데 부분을 바닥까지 깊숙이 찔러서 반죽이 묻어나는지 확인한 뒤 덜 익었으면 시간을 조절해서 좀 더 굽는다. 다 구워지면 케이크가 주저앉아 찌그러지는 현상을 방지하기 위해 오븐에서 꺼내자마자 바닥에 살짝 떨어뜨려 충격을 준 뒤 바로 식힘망에 뒤집고 케이크를 팬에서 분리하여 식힌다. 완전하게 식으면 밀봉하여 하루 정도 숙성시킨 뒤에 먹는다.

1 투스테이지법으로 만드는 버터케이크는 같은 버터케이크임에도 파운드케이크와는 식감에 많은 차이가 있어요. 크림법으로 만드는 파운드케이크의 식감은 묵직하면서도 탄력 있는 부드러움과 촉촉함이라면 투스테이지법으로 만드는 버터케이크는 벨벳같이 가벼우면서도 입 안에서 녹는 촉촉한 느낌이 남다릅니다. 이렇게 투스테이지법으로 만드는 버터케이크는 많은 양의 액체를 사용하기 때문에 케이크 조직 자체에 수분이 많아 매우 연하여 다룰 때 세심한 주의가 필요합니다.

2 버터는 지나치게 단단하거나 조금이라도 녹은 액체 상태라면 사용해선 안 됩니다. 버터 상태가 케이크의 질감을 결정하는 만큼, 성공 여부에 매우 중요한 요인이니까요. 크림법으로 만들 때와 마찬가지로 마요네즈같이 부드러운 상태가 되도록 냉장고에서 미리 실온에 꺼내두어 상태를 체크한 뒤 사용해야 합니다. 또한 버터케이크에는 기본적으로 무염버터를 사용하는데, 소금이 첨가된 가염버터를 사용할 경우 레시피에서 소금을 줄여야 맛의 밸런스가 맞는답니다. 가능하면 무염버터를 사용하는 것이 케이크의 맛을 제대로 낼 수 있는 비법이지요.

3 달걀이나 우유 같은 액체 재료의 온도 상태 또한 중요한 부분입니다. 버터 반죽에 들어가는 액체의 온도가 너무 낮으면 버터가 단단해져 제대로 된 반죽이 만들어지지 않고 심할 경우 버터 반죽과 액체가 분리되는 현상이 나타납니다. 사용하는 모든 재료의 온도 상태는 케이크 질감에 직결되는 매우 중요한 요인임을 꼭 기억해, 만들기 전에 미리미리 재료들을 실온에 꺼내두어 준비하는 습관을 들이도록 하세요.

4 설탕은 입자가 너무 굵지 않은 것을 사용하되, 일반 백설탕이나 백설탕 정도의 입자를 가진 유기농 황설탕을 사용하는 것이 좋습니다. 투스테이지법으로 만드는 버터케이크는 다른 케이크에 비해 설탕의 배합률이 높기 때문에 설탕 입자가 너무 굵을 경우 녹는 데 시간이 많이 걸리니 설탕을 신중하게 사용해야 합니다. 유기농 황설탕은 브랜드에 따라 조금씩 차이가 있으니 적절한 것을 선택하되, 입자가 굵을 경우 믹서에 갈아서 백설탕 정도의 입자로 만들어 사용하도록 하세요. 단, 유기농 흑설탕은 사용하지 않는 것이 좋은데, 이는 흑설탕 특유의 향과 색이 간혹 케이크의 풍미를 떨어뜨리는 경우가 생기기 때문입니다.

5 투스테이지법으로 케이크를 만들 때는 일반 케이크처럼 가루류를 여러 번 체에 쳐서 사용하지 않고, 설탕을 포함한 모든 재료를 거품기로 골고루 섞어주는 과정으로 대신하게 됩니다. 즉 이 과정에서 거품기로 가루류를 전부 흐트러뜨리고 골고루 섞어서 날가루 덩어리를 풀어주고, 입자 사이사이에 공기를 품게 하여 가볍게 만들며, 모든 재료가 골고루 섞이게 되는 것이죠. 따라서 이 과정은 절대 건너뛰지 말아야 합니다.

6 액체의 반을 가루에 넣고 먼저 믹싱한 뒤 나머지 액체를 세 번에 나눠 넣고 믹싱할 때 중간 중간에 스패출러로 믹싱볼 옆면을 깨끗이 긁어가면서 반죽을 모으는 과정은 매우 중요합니다. 반죽에 섞이지 못한 채 계속 겉도는 재료들은 완성된 케이크 결을 뭉치게 하는 주범이 되니까요. 믹싱하면서 바로바로 반죽들을 깨끗이 정리하는 습관을 들이세요.

7 액체를 섞을 때 시간이 너무 오버되지 않도록 주의하세요. 오버 믹싱은 글루텐을 과하게 형성시켜 케이크가 부드럽고 촉촉한 식감 대신 질기고 단단한 식감을 갖게 합니다. 적절한 시간 내에 완성도 높은 믹싱을 하는 것, 정말 중요하지요. 레시피 분량을 늘려 케이크를 만들 경우 액체량도 많아지는데, 이럴 경우 액체를 나눠 섞는 빈도를 더 늘려야 합니다. 빈도를 늘리는 대신 한 번에 넣는 액체의 양을 늘리게 되면 액체가 버터 반죽과 분리될 수 있고, 이것은 곧 케이크의 실패를 가져온답니다.

8 번트틀을 사용하지 않을 경우 일반 직사각 파운드케이크틀에 유산지를 깔고 구우세요. 이 레시피로 일반 직사각 파운드케이크틀에 구우면 대략 2개 정도의 양이 되며, 이렇게 틀 사이즈를 줄여서 구울 경우에는 굽는 시간도 단축되니 적절하게 시간 조절을 해야 합니다.

9 케이크를 틀에서 분리할 때 특히 세심한 주의가 필요합니다. 투스테이지법으로 만드는 케이크는 들어가는 액체량이 많고, 그로 인해 케이크 자체에도 수분이 많아서 조직이 매우 연하기 때문에 완전히 식지 않은 상태에서 불균형한 힘이 가해지면 쉽게 부서지거나 절단될 수 있습니다.

10 크림법이나 투스테이지법으로 반죽형 케이크를 만들 때는 핸드믹서나 스탠드믹서 같은 기계 믹서는 물론 거품기로도 반죽을 완성할 수 있습니다. 기계 믹서를 사용하면 일정한 속도와 원하는 믹싱의 정도를 조절할 수 있으며 힘이 덜 들기 때문에 짧은 시간 안에 완성도 높은 반죽을 만들어낼 수 있습니다. 그에 반해 거품기는 기계 믹서에 비해 많은 힘이 들기 때문에 지속적으로 동일한 속도의 믹싱을 유지하기 어렵다는 단점이 있습니다. 하지만 일정한 속도와 힘의 균형을 익힌다면 거품기 하나만으로도 충분히 완성도 있는 반죽을 만들어낼 수 있습니다. 거품기는 사용하기가 매우 간편하기 때문에, 많은 양의 반죽을 한꺼번에 해야 하는 경우가 아니라면 개인적으로도 자주 이용하는 편입니다. 저는 반죽형 케이크를 만들 때는 주로 거품기를 이용합니다. 자꾸 사용하다 보면 그 나름대로의 요령이 생길 뿐만 아니라, 기계 믹서로 섞을 때 생길 수 있는 오버 믹싱을 피할 수도 있답니다. 반죽형 케이크를 만들 때 기계 믹서나 거품기 둘 중 아무거나 사용해도 무방하지만, 초보자라면 우선 기계 믹서로 반죽 완성도에 대한 감을 익힌 후 거품기를 활용하는 것이 좋습니다. 장단점을 참고해 본인 손에 맞는 도구를 사용하세요.

11 케이크는 공기가 통하지 않게 밀봉해서 하루 정도 숙성시킨 뒤에 먹어야 제대로 된 풍미와 식감을 맛볼 수 있습니다. 오븐에서 꺼낸 케이크의 뜨거운 열기가 나가고 완전히 식으면 밀봉하여 냉장고에 넣거나 덥지 않은 계절이라면 상온에 두어 숙성시키세요.

코코넛초콜릿케이크
Coconut Chocolat Cake

진한 초콜릿의 풍미와 향긋한 코코넛의 조화가 환상적인 코코넛초콜릿케이크는 만들기도 쉽고 맛도 좋아 선물용으로 인기 있는 케이크입니다. 코코넛밀크를 듬뿍 넣은 맛이 진하고 풍부하며 촉촉한 케이크로, 티타임에 커피 한 잔과 잘 어울리지요.

윗지름 18cm 원형 틀 1개 분량
170℃ | 50~60분

중력분	180g
무가당 코코아파우더	45g
코코넛파우더	15g
베이킹파우더	3g
베이킹소다	1g
설탕	180g
소금	2g
무염버터	120g
달걀	3개
사워크림	60g
무가당 코코넛밀크	100g
바닐라엑스트랙	5g

* 오븐은 170℃로 예열한다.

Tip

1 코코넛밀크는 케이크의 식감을 진하고 풍부하게 만들면서 향긋한 풍미까지 더하는 좋은 재료입니다. 코코넛밀크를 일반 우유로 대체할 수 있지만, 그 풍미와 맛에서는 당연히 차이가 있지요.

2 코코넛은 건조된 상태의 입자가 고운 파우더를 사용하세요. 설탕에 절인 슬라이스 코코넛은 식감이 질겨서 먹기에 불편하지만, 건조된 코코넛파우더는 촉촉하고 부드러운 질감을 만드는 데 도움을 준답니다.

Process

1

모든 재료는 전자저울을 사용하여 정확하게 계량한다. 코코넛밀크와 사워크림, 버터는 실온 상태로 준비해서 찬기를 없앤다. 특히 버터는 실온에서 찬기가 완전히 가신 부드러운 크림 상태로 준비한다. 밀가루와 코코아파우더, 코코넛파우더, 베이킹파우더, 베이킹소다, 설탕, 소금은 큰 믹싱볼에 함께 담아 한꺼번에 계량한다. 코코넛밀크와 사워크림, 달걀과 바닐라엑스트랙은 모두 골고루 섞는다.

2

원형 케이크틀에 유산지를 깐다.

3

믹싱볼에 한꺼번에 계량한 가루류를 넣고 거품기로 30초 정도 휘저으며 골고루 섞는다. 여기에 버터를 넣고 미리 섞어둔 액체의 반 정도를 넣은 뒤 골고루 믹싱한다. 가루류와 액체가 뭉치도록 저속에서 천천히 2분 정도 믹싱하되, 날가루가 안 보일 때까지 믹싱한다.

4

반죽이 골고루 섞이면 속도를 중속으로 올려서 반죽이 부드러워질 때까지 2분 정도 골고루 믹싱한다.

5

스패출러로 믹싱볼 옆면의 반죽을 깨끗이 정리하면서 반 정도 남은 액체를 세 번에 나눠 넣고 믹싱한다. 액체를 한 번씩 추가할 때마다 중속에서 대략 1분 정도 믹싱하되, 그 이상으로 오버 믹싱하지 않도록 한다.

6

액체를 나눠 넣고 믹싱할 때마다 스패출러로 중간 중간에 믹싱볼 바닥과 옆면을 긁어주면서 전체적으로 반죽을 고르게 정리한다.

7

유산지를 깐 케이크틀에 반죽을 패닝한다. 틀째 바닥에 두세 번 내리치고 가는 나무 꼬치나 젓가락으로 찔러서 반죽 바닥까지 닿게 한 뒤 전체적으로 원을 그리면서 젓는다. 170℃로 20분 이상 예열한 오븐에서 50~60분 정도 굽는다. 사용하는 오븐에 따라 약간씩 차이는 있으니 50분 정도에서 꼬치로 케이크의 가운데 부분을 바닥까지 깊숙이 찔러서 반죽이 묻어나는지 확인한 뒤 덜 익었으면 시간을 조절해서 좀 더 굽는다. 다 구워지면 오븐에서 꺼내자마자 바닥에 살짝 떨어뜨려 충격을 준 뒤 바로 식힘망에 뒤집고 케이크에서 틀을 분리하여 식힌다. 완전하게 식으면 밀봉하여 하루 정도 숙성시킨 뒤에 먹는다.

크림치즈케이크
Cream Cheese Cake

버터케이크에 크림치즈가 들어가면 크림치즈 특유의 진하고 풍부한 풍미가 부드러운
식감에 더해져서 한결 촉촉한 케이크를 맛볼 수 있지요. 수분 배합률을 높여서 투스테
이지법으로 만들면 입에서 사르르 녹는 부드러움에 반해 한없이 먹게 된답니다.

윗지름 20cm 번트틀
1개 분량 | 170℃ | 50~60분

중력분	·························	200g
베이킹파우더	··············	4g
설탕	·························	200g
소금	·························	2g
무염버터	···················	140g
크림치즈	···················	100g
달걀	·························	3개
사워크림	···················	60g
우유	·························	40g
바닐라엑스트랙	·············	5g

* 오븐은 170℃로 예열한다.

Process

1
밀가루와 베이킹파우더, 설탕, 소금은 큰 믹싱볼에 함께 담아 한꺼번에 계량한다. 실온 상태의 우유와 사워크림, 달걀과 바닐라엑스트랙은 모두 골고루 섞는다. 특히 버터와 크림치즈는 실온에서 찬기가 완전히 가신 부드러운 크림 상태로 준비한다.

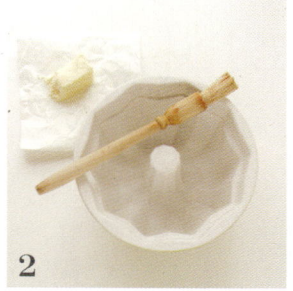

2
버터를 번트틀에 붓으로 꼼꼼하게 바른 뒤 케이크 반죽을 만드는 동안 냉장고에 넣어둔다. 그러면 버터가 굳어서 흘러내리지 않고 틀에 잘 코팅된다.

3
가루류를 거품기로 30초 정도 휘저으며 골고루 섞는다.

4
고루 섞인 가루류에 크림 상태의 부드러운 버터와 크림치즈를 넣고 미리 섞어둔 액체의 반 정도를 넣은 뒤 핸드믹서나 스탠드믹서를 사용하여 가루류와 액체가 뭉치도록 저속에서 천천히 2분 정도 믹싱한다. 날가루가 안 보일 정도로 반죽이 골고루 섞이면 속도를 중속으로 올려서 2분 정도 더 믹싱한다.

5
스패출러로 믹싱볼 옆면의 반죽을 깨끗이 정리하면서 반 정도 남은 액체를 세 번에 나눠 넣고 믹싱한다. 액체를 한 번씩 추가할 때마다 중속에서 대략 1분 정도 믹싱하되, 그 이상으로 오버 믹싱하지 않도록 한다.

6
액체를 나눠 넣고 믹싱할 때마다 스패출러로 중간 중간에 믹싱볼 바닥과 옆면을 긁어주면서 전체적으로 반죽을 고르게 정리한다.

7
버터를 바른 번트틀에 반죽을 패닝한다. 틀째 바닥에 두세 번 내리치고 가는 나무 꼬치나 젓가락으로 찔러서 반죽 바닥까지 닿게 한 뒤 전체적으로 원을 그리면서 젓는다. 170℃로 20분 이상 예열한 오븐에서 50~60분 정도 굽는다. 다 구워지면 오븐에서 꺼내자마자 바닥에 살짝 떨어뜨려 충격을 준 뒤 바로 식힘망에 뒤집고 케이크를 틀에서 분리하여 식힌다.

×××××××××××××××××××××××

Tip

1 버터와 크림치즈는 아주 부드러운 마요네즈 상태가 되었을 때 믹싱하는 것이 좋습니다. 찬기가 남아 있으면 액체와 분리될 수 있으니 반드시 실온에 두었다가 찬기가 완전히 사라지면 사용하세요.

2 번트틀이 없을 경우 일반 직사각 파운드케이크틀에 유산지를 깔고 틀의 80% 정도까지 반죽을 채운 뒤 남은 반죽은 일회용 머핀틀이나 낱개로 된 미니틀에 패닝해서 40~50분 정도 구우세요. 머핀틀이나 미니틀에 든 반죽은 굽는 시간이 더 짧아지니 주의하세요.

모카월넛레이어케이크
Mocha Walnut Layer Cake

세 가지 맛이 조화를 이루어 선물용으로 인기 만점인 고급 케이크입니다. 고소하면서도 촉촉한 식감과 중간 중간 층을 이루는 초콜릿의 진한 맛이 은은한 커피 향과 매우 잘 어울려서 먹어본 사람들마다 독특하고 맛있다고 칭찬한답니다. 호두를 갈아서 케이크 결에 넣기 때문에 같은 기법으로 만드는 다른 케이크에 비해 묵직하면서도 약간 거친 느낌이 있지만, 촉촉하고 부드럽게 입안에서 녹아내리는 식감은 여전히 매력적이지요.

18×9×7cm 직사각 파운드케이
크틀(일반 미니 파운드케이크틀)
1개 분량 | 170℃ | 45~50분

중력분	170g
베이킹파우더	3g
베이킹소다	1g
설탕	160g
소금	2g
무염버터	110g
인스턴트커피	5g
온수	15g
달걀	2개
우유	120g
바닐라엑스트랙	5g
세미스위트초콜릿	50g
호두 잘게 다진 것	50g

* 오븐은 170℃로 예열한다.

Process

1 밀가루와 베이킹파우더, 베이킹 소다, 설탕, 소금은 큰 믹싱볼에 함께 담아 한꺼번에 계량한다. 실온 상태의 우유와 달걀, 바닐라엑 스트랙은 모두 골고루 섞는다. 특히 버터는 실온에서 찬기가 완전히 가신 부드러운 크림 상태로 준비한다. 호두는 믹서로 잘게 다진다. 인스턴트커피는 온수에 녹이고, 초콜릿은 중탕으로 녹여서 부드러운 크림 상태로 만든다.

2 가루류를 거품기로 30초 정도 휘저으며 골고루 섞는다.

3 고루 섞인 가루류에 크림 상태의 부드러운 버터와 커피액, 미리 섞어둔 액체의 반 정도를 넣은 뒤 핸드믹서나 스탠드믹서를 사용하여 가루류와 액체가 뭉치도록 저속에서 천천히 2분 정도 믹싱한다. 날가루가 안 보일 정도로 반죽이 골고루 섞이면 중속으로 높여서 2분 정도 더 믹싱한다.

4 스패출러로 믹싱볼 옆면의 반죽을 깨끗이 정리하면서 반 정도 남은 액체를 세 번에 나눠 넣고 믹싱한다. 액체를 한 번씩 추가할 때마다 중속에서 대략 1분 정도 믹싱하되, 그 이상으로 오버 믹싱하지 않도록 한다.

5 믹싱이 끝나면 반죽의 1/3을 덜어서 초콜릿 녹인 것을 섞고, 나머지 반죽에는 호두 다진 것을 넣어 골고루 섞는다.

6 유산지를 깐 파운드케이크틀에 반죽을 번갈아가면서 패닝한다. 패닝이 끝나면 틀째 바닥에 두세 번 내리친 뒤 170℃로 20분 이상 예열한 오븐에서 45~50분 정도 굽는다. 다 구워지면 오븐에서 꺼내자마자 바닥에 살짝 떨어뜨려 충격을 준 다음 바로 케이크를 팬에서 분리하여 식힌다. 완전하게 식으면 밀봉하여 하루 정도 숙성시킨 뒤에 먹는다.

Tip

1 호두는 오븐에 살짝 구운 뒤 믹서에 갈아서 조금 입자가 큰 가루 형태로 만드세요. 입자가 고울수록 케이크 식감은 부드럽지만 씹는 맛은 덜할 수 있으니 굵은 꽃소금 정도의 입자로 사용하는 게 좋아요.

2 초콜릿은 너무 뜨겁게 녹였거나 반대로 너무 차가워 굳은 상태의 것을 사용해서는 안 됩니다. 너무 뜨거울 경우 버터 반죽이 녹을 수 있고, 너무 차갑게 굳은 경우 버터 반죽이 잘 안 섞일 수 있으니, 초콜릿도 버터를 준비할 때처럼 마요네즈 정도의 크림 상태로 만들어서 섞는 게 좋아요.

3 패닝할 때는 먼저 호두 반죽을 적당히 덜어서 골고루 깔고, 그 위에 초콜릿 반죽을 대충 숟가락으로 떠서 군데군데 넣고, 그 위에 나머지 호두 반죽을 넣고, 그 위에 나머지 초콜릿 반죽을 군데군데 넣고 나서 마지막으로 맨 위에 나머지 호두 반죽을 모두 패닝하면 돼요.

4 패닝한 뒤 나이프로 반죽을 저어 마블링을 만들어서 구워도 좋아요.

애플시나몬크럼커피케이크
Apple Cinnamon Crumb Coffee Cake

달짝지근하고 아삭한 사과와 향긋하고 고소하게 씹히는 시나몬 호두 필링, 여기에 고소하고 바삭하게 씹히는 크럼까지 곁들인 달콤하고 촉촉한 케이크예요. 진한 커피 한 잔을 곁들이면 환상적인 조화를 이루는 이 케이크는 설탕량을 조금 줄여도 아주 맛있게 먹을 수 있답니다. 사용하는 필링들이 워낙 향이 강하고 단맛이 진하기 때문에 케이크 자체는 그리 달지 않아도 맛과 풍미가 뛰어난 커피케이크를 맛볼 수 있어요.

18cm 원형 틀 1개 분량
170℃ | 45~50분

크럼

중력분	80g
시나몬파우더	1g
무염버터 녹인 것	50g
호두 잘게 다진 것	45g
유기농 황설탕	40g

필링

시나몬파우더	1g
호두 잘게 다진 것	40g
유기농 황설탕	35g

케이크

중력분	180g
시나몬파우더	1g
베이킹파우더	3g
베이킹소다	1g
설탕	140g
소금	2g
무염버터	130g
달걀	2개
사워크림	145g
바닐라엑스트랙	5g
사과	150g
레몬즙	15g

* 오븐은 170℃로 예열한다.

Process

1 크럼은 분량의 재료를 모두 골고루 섞어서 고슬고슬하게 만든 뒤 케이크 반죽을 만들 동안 냉동실에 넣는다.

2 밀가루와 시나몬파우더, 베이킹파우더, 베이킹소다, 설탕, 소금은 큰 믹싱볼에 함께 담아 한꺼번에 계량한다. 실온 상태의 사워크림과 달걀, 바닐라엑스트랙은 모두 골고루 섞는다. 특히 버터는 실온에서 찬기가 완전히 가신 부드러운 크림 상태로 준비한다.

3 필링 재료를 모두 골고루 섞는다.

4 사과는 껍질을 벗기고 가운데 씨 부분을 도려낸 뒤 두께 0.5cm 정도 반달 모양으로 썰어서 레몬즙을 골고루 뿌린다.

5 원형 케이크틀에 유산지를 깐다.

6 가루류를 거품기로 30초 정도 휘저으며 골고루 섞는다.

×××

Tip

1 설탕의 역할은 단순히 케이크의 단맛을 내는 데만 있지 않습니다. 그보다 먼저 케이크의 부드러움과 촉촉한 식감을 결정짓는 더 중요한 역할을 하지요. 설탕량이 적을수록 케이크의 식감이 건조해지고 뻣뻣해지니까요. 투스테이지법으로 만드는 케이크는 그러한 설탕의 역할이 더욱 강조되는 만큼, 설탕을 밀가루와 동량으로, 또는 밀가루보다 더 많이 사용하여 아주 부드럽고 촉촉한 식감을 내는 것이 특징이기 때문에 설탕량을 줄이는 것에는 한계가 있답니다. 그 점을 꼭 기억해야 제대로 된 케이크의 맛과 식감을 즐길 수 있습니다.

2 크럼은 냉동실에 보관해서 약간 단단하게 굳힌 뒤 케이크에 얹어 구워야 한결 바삭하답니다. 번거롭더라도 크럼을 먼저 만들어서 케이크를 반죽하는 동안 냉동실에 넣었다가 케이크 위에 얹을 때 바로 꺼내서 사용하세요.

3 사과는 썰어서 레몬즙을 뿌려두면 색상이 변하는 것을 어느 정도 방지할 수 있으니, 레몬즙을 골고루 뿌리세요.

4 완성된 케이크를 틀에서 꺼낼 때 주의하세요. 뜨거운 상태에서는 케이크가 매우 연하기 때문에 불균형한 힘이 가해지면 망가질 수 있습니다. 원형 케이크틀을 사용할 때는 밑판이 분리되는 케이크틀이나 옆 부분이 분리되는 스프링폼 형식의 케이크틀을 사용하면 한결 편리합니다.

7

고루 섞인 가루류에 크림 상태의 부드러운 버터를 넣고 미리 섞어 둔 액체의 반 정도를 넣은 뒤 가루류와 액체가 뭉치도록 저속에서 천천히 2분 정도 믹싱한다. 날가루가 안 보일 정도로 반죽이 골고루 섞이면 중간 정도 속도로 높여서 2분 정도 더 믹싱한다.

8

스패출러로 믹싱볼 옆면의 반죽을 깨끗이 정리하면서 반 정도 남은 액체를 세 번에 나눠 넣고 믹싱한다. 액체를 한 번씩 추가할 때마다 중속에서 대략 1분 정도 믹싱하되, 그 이상으로 오버 믹싱하지 않도록 한다.

9

액체를 나눠 넣고 믹싱할 때마다 스패출러로 중간 중간에 믹싱볼 바닥과 옆면을 긁어주면서 전체적으로 반죽을 고르게 정리한다.

10

원형 틀에 반죽을 반 정도 패닝한 뒤 필링 재료를 골고루 뿌린다.

11

그 위에 사과를 가지런히 얹는다.

12

나머지 반죽을 사과 위에 골고루 패닝한 뒤 윗면을 다듬는다.

13

반죽을 모두 패닝하면 미리 만들어서 냉동실에 넣어두었던 크럼을 꺼내 반죽 윗면에 고슬고슬한 상태로 골고루 뿌린다. 170℃로 20분 이상 예열한 오븐에서 45~50분 정도 굽는다. 다 구워지면 오븐에서 꺼내자마자 바닥에 살짝 떨어뜨려 충격을 준 뒤 바로 케이크틀에서 조심스럽게 분리해 식힌다. 완전하게 식으면 밀봉하여 하루 정도 숙성시킨 뒤에 먹는다.

초콜릿벨벳퍼지케이크
Chocolate Velvet Fudge Cake

한입 베어 물면 가볍게 사르르 녹을 만큼 부드럽고 맛이 깊은 케이크예요. 코코아파우더를 물에 녹여 아주 부드러운 크림 상태로 만들어서 반죽에 섞기 때문에 맛이 진하지만 무척 심플하고 달지 않은 예쁜 케이크입니다. 하트틀에 구워 슈거파우더를 솔솔 뿌리면 훌륭한 생일 케이크가 된답니다.

가로 20cm 하트틀 1개 분량
170℃ | 45~50분

중력분	·························	160g
베이킹파우더	················	3g
베이킹소다	··················	1g
설탕	·························	140g
소금	·························	1g
무염버터	·····················	150g
무가당 코코아파우더	·········	45g
뜨거운 물	····················	80g
달걀	·························	2개
우유	·························	80g
바닐라엑스트랙	···············	5g

* 오븐은 170℃로 예열한다.

1

밀가루와 베이킹파우더, 베이킹
소다, 설탕, 소금은 큰 믹싱볼에
함께 담아 한꺼번에 계량한다. 실
온 상태의 우유와 달걀, 바닐라엑
스트랙은 모두 골고루 섞는다. 특
히 버터는 실온에서 찬기가 완전
히 가신 부드러운 크림 상태로 준
비한다. 코코아파우더는 뜨거운
물을 넣고 골고루 섞어서 크림 상
태로 만들어 식힌다.

2

하트틀에 유산지를 깐다.

3

가루류를 거품기로 30초 정도 휘
저으며 골고루 섞는다.

4

고루 섞인 가루류에 크림 상태의
부드러운 버터와 코코아파우더
녹인 것을 넣고 미리 섞어둔 액체
의 반 정도를 넣은 뒤 가루류와 액
체가 뭉치도록 저속에서 천천히
2분 정도 믹싱한다. 날가루가 안
보일 정도로 반죽이 골고루 섞이
면 속도를 중간 정도로 높여 2분
정도 더 믹싱한다.

5

반 정도 남은 액체를 세 번에 나
눠 넣고 믹싱한다. 액체를 한 번씩
추가할 때마다 중속에서 대략 1분
정도 믹싱하되, 그 이상으로 오버
믹싱하지 않도록 한다.

6

겉도는 반죽이 없도록 스패출러
로 믹싱볼 옆면을 깨끗이 정리하
여 반죽을 완성한다.

7

유산지를 깐 하트틀에 반죽을 패닝한다. 틀째 바닥에 두세 번 내리치고 가는 나무 꼬치나 젓가락으로 찔러서 반죽 바닥까지 닿게 한 뒤 전체적으로 원을 그리면서 젓는다. 170℃로 20분 이상 예열한 오븐에서 45~50분 정도 굽는다. 사용하는 오븐에 따라 약간씩 차이가 있으니 45분 정도 되면 꼬치로 케이크의 가운데 부분을 바닥까지 깊숙이 찔러서 반죽이 묻어나는지 확인한 뒤 덜 익었으면 시간을 조절해서 좀 더 굽는다. 다 구워지면 오븐에서 꺼내자마자 바닥에 살짝 떨어뜨려 충격을 준 뒤 바로 식힘망에 뒤집고 케이크를 팬에서 분리하여 식힌다. 완전하게 식으면 밀봉하여 하루 정도 숙성시킨 뒤에 먹는다.

Tip

1 코코아파우더는 반드시 무가당을 사용하세요. 시중에 판매하는 코코아믹스는 설탕이나 밀크파우더 등이 섞였기 때문에 만들고자 하는 케이크의 맛이나 질감, 색이 예상과 다르게 나타날 수 있습니다. 또 코코아파우더는 처음부터 밀가루에 섞지 말고 단독으로 뜨거운 물에 녹여서 초콜릿과 같은 크림 상태로 만들어 사용하세요. 그래야 한결 촉촉하고 진한 식감을 만든답니다. 뜨거운 물에 녹인 뒤에는 반드시 완전히 식혀서 반죽에 넣어야 한다는 것도 기억하세요.

2 하트틀이 없다면 원형 틀을 사용하세요.

3 반죽은 열전달이 가장 늦은 가운데 바닥 부분이 가장 늦게 익습니다. 케이크를 적정 시간 안에 구운 뒤 가는 나무 꼬치나 젓가락으로 가운데 부분을 바닥까지 깊숙이 찔러서 반죽이 묻어나는지 확인하세요. 조금이라도 젖은 반죽이 묻어나면 덜 익은 것이니 시간을 조금 더 늘려서 구워야 합니다. 아무것도 묻어나지 않을 때까지 완전하게 속을 익혀야 케이크가 주저앉거나 찌그러지지 않으니까요. 오븐은 각 제품별로 온도 차이가 나기 때문에 레시피에 제시된 완성 시간과 각 개인이 사용하는 오븐의 시간이 정확하게 맞아떨어지지 않을 수 있습니다. 항상 오븐 전용 온도계로 온도를 체크해서 덜 구워지거나 더 구워지지 않도록 세심하게 베이킹하는 습관을 들이세요.

사워크림슈트로이젤케이크
Sour Cream Streusel Cake

은은한 시나몬 향과 깔끔하고 심플한 초콜릿 필링이 조화
를 이룬 사워크림슈트로이젤케이크는 촉촉하면서도 부드러
운 질감과 함께 아름다운 모양이 감탄을 자아내는 고급스런
케이크지요. 돈 주고는 절대 살 수 없는 나만의 케이크 만들
기, 홈베이커의 가장 큰 기쁨이자 특권이랍니다.

가로 23cm 하트 번트틀
1개 분량 | 170℃ | 50~60분

초콜릿슈트로이젤
무가당 코코아파우더 ·········· 20g
시나몬파우더 ····················· 2g
유기농 황설탕 ····················· 60g

케이크
중력분 ························· 300g
베이킹파우더 ····················· 6g
설탕 ························· 260g
소금 ····························· 2g

무염버터 ······················ 170g

달걀 ····························· 4개
사워크림 ····················· 200g
바닐라엑스트랙 ················ 10g

* 오븐은 170℃로 예열한다.

Process

1 케이크 재료의 밀가루와 베이킹파우더, 설탕, 소금은 큰 믹싱볼에 함께 담아 한꺼번에 계량한다. 실온 상태의 사워크림과 달걀, 바닐라엑스트랙은 모두 골고루 섞는다. 특히 버터는 실온에서 찬기가 완전히 가신 부드러운 크림 상태로 준비한다.

2 버터를 하트 번트틀에 붓으로 꼼꼼하게 바른 뒤 케이크 반죽을 만드는 동안 냉장고에 넣어둔다. 그러면 버터가 굳어서 흘러내리지 않고 틀에 잘 코팅된다.

3 초콜릿슈트로이젤 재료를 골고루 섞어서 슈트로이젤을 만든다.

4 가루류를 거품기로 30초 정도 휘저으며 골고루 섞는다.

5 고루 섞인 가루류에 크림 상태의 부드러운 버터를 넣고 미리 섞어둔 액체의 반 정도를 넣은 뒤 가루류와 액체가 뭉치도록 저속에서 천천히 2분 정도 믹싱한다. 날가루가 안 보일 정도로 반죽이 골고루 섞이면 속도를 중간 정도로 높여서 2분 정도 더 믹싱한다.

6 스패출러로 믹싱볼 옆면의 반죽을 깨끗이 정리하면서 반 정도 남은 액체를 세 번에 나눠 넣고 믹싱한다. 액체를 한 번씩 추가할 때마다 중속에서 대략 1분 정도 믹싱하되, 그 이상으로 오버 믹싱하지 않도록 한다.

7

믹싱볼 옆면에 겉도는 반죽이 없도록 거품기로 30초 정도 저으면서 반죽을 완성한다.

8

버터를 바른 번트틀에 반죽을 반 정도 패닝한 뒤 틀째 바닥에 두세 번 내리친다. 주름이나 굴곡이 많은 틀을 사용할 경우 그 모양대로 군데군데 골고루 저어서 반죽이 완전하게 담기도록 한다.

9

슈트로이젤을 반죽 위에 골고루 얹는다.

10

나머지 반죽을 패닝한 뒤 170℃로 20분 이상 예열한 오븐에서 50~60분 정도 굽는다. 다 구워지면 오븐에서 꺼내자마자 바닥에 살짝 떨어뜨려 충격을 준 뒤 바로 식힘망에 뒤집고 케이크를 틀에서 분리한 다음 식힌다. 완전하게 식으면 밀봉하여 하루 정도 숙성시킨 뒤에 먹는다.

× × × × × × × × × × × × × × × × × × ×

Tip

1 슈트로이젤은 반죽 가운데 부분으로 몰아서 얹으세요. 전체적으로 퍼지게 뿌리는 것에 비해 케이크가 완성됐을 때 모양이 더 예쁘게 나온답니다. 슈트로이젤 위에 나머지 반죽을 얹을 때는 슈트로이젤이 흩어지지 않게 주의하세요.

2 번트틀을 사용하지 않을 경우 일반 직사각 파운드케이크틀에 유산지를 깔고 구우세요. 이 레시피로 일반 직사각 파운드케이크틀에 구울 경우 대략 2개 정도의 양이 되며, 이렇게 틀 사이즈를 줄이면 굽는 시간도 단축되니 적절하게 시간 조절을 해야 합니다.

마블벨벳케이크
Marble Velvet Cake

진한 초콜릿을 녹여서 반죽에 섞어 입안에서 사르르
녹는 촉촉함이 남다른 마블벨벳케이크. 바닐라와 초
콜릿 두 가지 벨벳이 섞인 듯 부드러운 케이크이지
요. 같은 반죽이라도 초콜릿 함량에 따라 식감과 풍
미가 달라지기 때문에 두 가지 맛의 케이크를 동시
에 즐길 수 있답니다.

윗지름 18cm 구겔호프틀
1개 분량
170℃ | 50~60분

중력분	180g
베이킹파우더	3g
베이킹소다	1g
설탕	170g
소금	2g
무염버터	150g
달걀	2개
사워크림	120g
바닐라엑스트랙	5g
다크초콜릿 or 세미스위트초콜릿	50g

* 오븐은 170℃로 예열한다.

Process

1 밀가루와 베이킹파우더, 베이킹소다, 설탕, 소금은 큰 믹싱볼에 함께 담아 한꺼번에 계량한다. 실온 상태의 사워크림과 달걀, 바닐라엑스트랙은 모두 골고루 섞는다. 특히 버터는 실온에서 찬기가 완전히 가신 부드러운 크림 상태로 준비한다. 초콜릿은 중탕으로 녹여서 부드러운 크림 상태로 만든다.

2 버터를 구겔호프틀에 붓으로 꼼꼼하게 바른 뒤 케이크 반죽을 만드는 동안 냉장고에 넣어둔다. 그러면 버터가 굳어서 흘러내리지 않고 틀에 잘 코팅된다.

3 가루류를 거품기로 30초 정도 휘저으며 골고루 섞는다.

4 고루 섞인 가루류에 크림 상태의 부드러운 버터를 넣고 미리 섞어둔 액체의 반 정도를 넣은 뒤 가루류와 액체가 뭉치도록 저속에서 천천히 2분 정도 믹싱한다.

5 날가루가 안 보일 정도로 반죽이 골고루 섞이면 속도를 중간 정도로 높여서 2분 정도 더 믹싱한다.

6 스패츌러로 믹싱볼 옆면의 반죽을 깨끗이 정리하면서 반 정도 남은 액체를 세 번에 나눠 넣고 믹싱한다. 액체를 한 번씩 추가할 때마다 중속에서 대략 1분 정도 믹싱하되, 그 이상으로 오버 믹싱하지 않도록 한다.

7 겉도는 반죽이 없도록 전체적으로 골고루 믹싱한다.

8 스패출러로 믹싱볼 바닥과 옆면을 긁어주면서 전체적으로 반죽을 고르게 정리한다.

9 완성된 반죽 1/3 정도를 덜어서 초콜릿 녹인 것에 골고루 섞는다.

10 버터를 바른 구겔호프틀에 본 반죽의 반 정도를 패닝한 뒤 그 위에 초콜릿 반죽을 골고루 패닝한다.

11 남은 본 반죽을 모두 패닝한 뒤 윗면을 잘 다듬는다.

12 나이프로 반죽을 깊게 찔러서 스프링 모양으로 젓고 170℃로 20분 이상 예열한 오븐에서 50~60분 정도 굽는다. 다 구워지면 오븐에서 꺼내자마자 바닥에 살짝 떨어뜨려 충격을 준 뒤 바로 식힘망에 뒤집고 케이크에서 틀을 분리하여 식힌다. 완전하게 식으면 밀봉하여 하루 정도 숙성시킨 뒤에 먹는다.

Tip

1 초콜릿은 좋아하는 종류를 사용하세요. 다크초콜릿은 맛과 색이 깊고, 세미스위트초콜릿은 그보다 연하지만 달콤한 맛이 더 강하지요. 초콜릿은 일단 녹여서 크림 상태로 만들어 완전히 식힌 뒤 반죽과 섞어야 합니다. 열기가 남아 있는 상태로 사용하면 버터 반죽이 녹을 수 있어요.

2 반죽에 스프링 모양을 낼 때는 많이 섞지 마세요. 한 번 정도만 나이프로 반죽을 깊게 찔러서 섞어야 깔끔한 모양이 나옵니다.

3 다 구운 케이크를 식힘망에 얹어서 케이크틀을 분리할 때도 주의할 것이 있지요. 수분 함량이 높은 케이크류는 매우 연하고 부드럽기 때문에 열기가 남아 있는 상태에서 불균형한 힘이 가해지면 쉽게 절단되거나 부서질 수 있습니다. 케이크가 완전히 식을 때까지는 옮기는 중에도 주의해야 하고, 특히 틀에서 분리할 때는 아주 세심한 동작으로 다뤄야 틀이 지닌 예쁜 모양을 그대로 유지할 수 있답니다.

허니월넛시나몬케이크
Honey Walnut Cinnamon Cake

투스테이지법으로 만드는 허니월넛시나몬케이크예요. 과정이 간단해서 그만큼 빠른 시간 내에 만들 수 있는데다 촉촉하고 부드러우며 고소한 식감이 매력적인, 실패할 염려가 전혀 없는 인기 만점 케이크랍니다.

20×20cm 정사각 틀 1개 분량
170℃ | 50~60분

중력분	250g
시나몬파우더	2g
베이킹파우더	5g
설탕	230g
소금	2g
무염버터	195g
꿀	40g
달걀	3개
우유	150g
바닐라엑스트랙	10g
호두 잘게 다진 것	100g

* 오븐은 170℃로 예열한다.

Process

1 밀가루와 시나몬파우더, 베이킹파우더, 설탕, 소금은 큰 믹싱볼에 함께 담아 한꺼번에 계량한다. 실온 상태의 우유와 달걀, 바닐라엑스트랙은 모두 골고루 섞는다. 특히 버터는 실온에서 찬기가 완전히 가신 부드러운 크림 상태로 준비한다. 호두는 오븐에서 살짝 구워 잘게 다진다.

2 정사각 틀에 유산지를 깐다.

3 가루류를 거품기로 30초 정도 휘저으며 골고루 섞는다.

4 고루 섞인 가루류에 크림 상태의 부드러운 버터와 꿀을 넣고 미리 섞어둔 액체의 반 정도를 넣은 뒤 가루류와 액체가 뭉치도록 저속에서 천천히 2분 정도 믹싱한다. 날가루가 안 보일 정도로 반죽이 골고루 섞이면 속도를 중간 정도로 높여서 2분 정도 더 믹싱한다.

5 스패출러로 믹싱볼 옆면의 반죽을 깨끗이 정리하면서 반 정도 남은 액체를 세 번에 나눠 넣고 믹싱한다. 액체를 한 번씩 추가할 때마다 중속에서 대략 1분 정도 믹싱하되, 그 이상으로 오버 믹싱하지 않도록 한다.

6 반죽이 골고루 섞이면 호두 다진 것을 넣고 잠깐 동안 섞은 뒤 믹싱볼 옆면을 깨끗이 정리하면서 반죽을 완성한다.

7 유산지를 깐 사각 틀에 반죽을 패닝한다. 바닥에 살짝 내리친 뒤 170℃로 20분 이상 예열한 오븐에서 50~60분 정도 굽는다. 다 구워지면 오븐에서 꺼내자마자 바닥에 살짝 떨어뜨려 충격을 준 뒤 바로 케이크를 틀에서 분리하여 식힌다.

Tip

1 호두는 물에 10분 정도 삶아서 불순물을 제거한 뒤 오븐에 구워서 사용하세요. 그냥 사용해도 무방하지만 구우면 고소함과 풍미가 배가됩니다. 한 번에 많이 만들어서 밀폐하여 냉장 보관하면 사용할 때마다 편리하지요.

2 꿀은 특별한 향이 없는 것을 사용하세요. 라벤더꿀처럼 특별한 향이 있으면 오히려 케이크의 풍미를 망칠 수 있습니다.

3 케이크틀은 밑판이 분리되는 것이 편리하고 안정적입니다. 케이크 자체에 수분이 많아서 매우 연하고 부드러워 뜨거운 상태로 틀에서 분리하다가 망가지는 경우가 있기 때문이에요.

블루베리크럼커피케이크
Blueberry Crumb Coffee Cake

커피케이크의 클래식 아이템인 블루베리크럼커피케이크를 간단하고 편리한 투스테이지법으로 만들어보세요. 한결 부드럽고 촉촉한 커피케이크를 즐길 수 있답니다.

18cm 정사각 틀 1개 분량
170℃ | 50~60분

크럼

중력분	30g
무염버터	45g
호두 잘게 다진 것	30g
유기농 황설탕	70g

케이크

중력분	160g
시나몬파우더	1g
베이킹파우더	3g
베이킹소다	1g
설탕	150g
소금	1g
무염버터	140g
달걀	2개
사워크림	90g
바닐라엑스트랙	5g
블루베리	100g
중력분	조금

* 오븐은 170℃로 예열한다.

Process

1 밀가루와 시나몬파우더, 베이킹파우더, 베이킹소다, 설탕, 소금은 큰 믹싱볼에 함께 담아 한꺼번에 계량한다. 실온 상태의 사워크림과 달걀, 바닐라엑스트랙은 모두 골고루 섞는다. 특히 버터는 실온에서 찬기가 완전히 가신 부드러운 크림 상태로 준비한다. 단, 크럼에 들어갈 버터는 차갑게 준비한다.

2 블루베리에 밀가루를 조금 뿌리고 살살 굴려 코팅한다.

3 포크로 차가운 버터를 으깨면서 다른 크럼 재료와 섞어 고슬고슬하게 만든 뒤 케이크 반죽을 만드는 동안 냉동실에 넣는다.

4 가루류를 거품기로 30초 정도 휘저으며 골고루 섞는다. 여기에 크림 상태의 부드러운 버터와 미리 섞어둔 액체의 반 정도를 넣은 뒤 가루류와 액체가 뭉치도록 저속에서 천천히 2분 정도 믹싱한다. 날가루가 안 보일 정도로 반죽이 골고루 섞이면 속도를 중간 정도로 높여서 2분 정도 더 믹싱한다.

5 스패출러로 믹싱볼 옆면의 반죽을 깨끗이 정리하면서 반 정도 남은 액체를 세 번에 나눠 넣고 믹싱한다. 액체를 한 번씩 추가할 때마다 중속에서 대략 1분 정도 믹싱하되, 그 이상으로 오버 믹싱하지 않도록 한다.

6 반죽이 골고루 섞이면 밀가루 코팅한 블루베리를 넣고 스패출러로 반죽을 대충 뒤적여 섞는다.

7 유산지를 깐 사각 틀에 반죽을 패닝한다. 크럼을 반죽 윗면에 고슬고슬한 상태로 골고루 뿌린다. 170℃로 20분 이상 예열한 오븐에서 50~60분 정도 굽는다. 다 구워지면 오븐에서 꺼내자마자 바닥에 살짝 떨어뜨려 충격을 준 뒤 바로 식힘망에 뒤집고 케이크를 틀에서 분리하여 식힌다.

시나몬크럼커피케이크
Cinnamon Crumb Coffee Cake

시나몬 풍미의 촉촉한 케이크와 고소한 크럼이 어울려
고급스런 맛을 내는 시나몬크럼커피케이크예요.
크럼으로 사용한 마스코바도 설탕이 캐러멜화하여 향긋함과 달콤함을 업그레이드시키지요.
심플하고 깔끔한 케이크와 커피 한 잔으로 아침 메뉴를 가볍게 즐겨보세요.

Recipe

18×18cm 정사각 틀 1개 분량
180℃ | 40~45분

케이크

중력분 ····················200g
시나몬파우더 ···············2g
베이킹파우더 ···············4g
마스코바도 설탕(유기농 황설탕)
····························120g
소금 ·······················2g

달걀 ·······················2개
무염버터 녹인 것 ··········100g
우유 ·····················165g
바닐라엑스트랙 ··············5g

크럼

시나몬파우더 ···············1g
호두 잘게 다진 것 ·········50g
마스코바도 설탕(유기농 황설탕)
····························30g

* 오븐은 180℃로 예열한다.

Tip

1 원믹스법으로 만드는 케이크에는 입자가 고운 백설탕보다는 설탕의 맛과 향에 깊은 풍미가 있는 유기농 황설탕이나 마스코바도 설탕을 사용하세요. 특히 마스코바도 설탕은 당밀이 함유된 사탕수수액을 부분 정제하여 만든 진갈색 설탕으로, 맛이 심플한 원믹스법 케이크에 깊은 풍미를 주어 케이크 자체를 좀 더 고급스럽게 만듭니다. 또 백설탕보다 단맛은 덜하면서 수분 함량이 높아 매우 촉촉한 상태이기 때문에 케이크에 고스란히 그 장점이 살아납니다. 다만, 수분 함량이 높은 설탕인 만큼 잘 뭉치므로 가루류와 섞을 때 특별히 주의해야 합니다.

2 원믹스법으로 만드는 케이크는 기본적으로 녹인 버터를 사용하며, 때에 따라서 식물성 오일로 대체할 수도 있습니다. 버터의 그윽한 풍미는 없지만, 포도씨유나 카놀라유처럼 점도가 낮으면서 향이 없는 깔끔한 오일을 사용하면 매우 깔끔하고 담백한 케이크를 만들 수 있습니다. 녹인 버터와 포도씨유로 각각 케이크를 만들어보고 입맛에 맞는 유지를 사용하세요. 단, 올리브유처럼 독특한 향이 있는 오일은 안 됩니다.

3 원믹스법으로 만드는 케이크는 전자레인지에 20초 정도 데워 먹으면 더 부드럽게 즐길 수 있습니다.

1

모든 재료는 실온 상태로 준비해서 찬기를 완전히 없앤 뒤 전자저울을 사용하여 정확하게 계량한다. 버터는 전자레인지에 살짝 녹여서 미지근하게 식힌다. 달걀은 알끈을 제거하고 흰자와 노른자가 고루 섞이도록 잘 푼다.

2

밀가루와 베이킹파우더, 시나몬파우더는 한꺼번에 계량한 뒤 체에 두세 번 정도 친다.

3

설탕은 유기농 황설탕이나 마스코바도 설탕으로 준비한다.

4

크럼은 분량의 재료를 모두 섞어서 고슬고슬하게 반죽한 뒤 케이크 반죽을 만들 동안 냉동실에 넣어둔다.

5

녹인 버터에 우유를 넣고 골고루 섞은 뒤 달걀 푼 것을 넣고 멍울이 없게 골고루 섞는다. 여기에 바닐라엑스트랙을 넣고 다시 한 번 섞는다.

6

체에 친 가루류에 설탕과 소금을 넣고 덩어리 없이 골고루 섞이도록 거품기로 섞는다.

7

가루류에 액체를 모두 붓고 대충 뒤적여서 섞는다.

8

스패출러로 믹싱볼 옆면과 바닥을 긁으면서 바닥에 있는 반죽을 위로 퍼 올리는 느낌으로 섞는다. 반죽이 빽빽하다고 이리저리 휘젓거나 짓이기듯 섞으면 글루텐이 많이 생겨서 식감이 질기고 볼륨이 작은 케이크가 만들어질 수 있으니 살짝살짝 날가루가 보일 만큼 대충 섞는다.

9

완성된 반죽은 매우 질척하면서 군데군데 날가루가 살짝 보일 만큼 대충 뒤섞인 상태이다.

10

유산지를 깐 사각 틀에 반죽을 붓고 틀째 바닥에 살짝 내리쳐서 반죽이 빈곳 없이 균일하게 차도록 한다.

11

반죽 위에 크림을 얹고 나이프로 군데군데 반죽을 찌르며 살짝 저은 뒤 180℃로 20분 이상 예열한 오븐에서 40~45분 정도 굽는다. 다 구운 뒤 가는 나무 꼬치나 젓가락으로 반죽 가운데 부분을 찔러서 반죽이 묻어나지 않으면 바로 틀에서 분리하여 식힘망에 올려 식힌다.

× × × × × × × × × × × × ×

Tip

4 원믹스법으로 케이크를 만들 때 가장 중요한 것은 믹싱 정도입니다. 크림법처럼 공기를 반죽에 포집하는 과정을 거치치 않고 팽창제의 힘으로만 부풀리기 때문에. 믹싱을 오래 함으로써 반죽에 글루텐을 형성시키는 것은 원믹스법 특유의 포슬포슬한 식감을 만드는 데 가장 큰 방해 요소가 됩니다. 가루에 액체를 섞어 반죽할 때 약간 날가루가 보이더라도 나중에 틀에 패닝하는 동안 남은 가루가 반죽에 마저 섞입니다. 따라서 반죽에 날가루가 전혀 없게 섞느라 오버 믹싱하는 것보다는 날가루가 보이는 상태에서 반죽을 마무리해야 가볍고 뽀송뽀송한 식감의 케이크가 만들어진다는 것을 꼭 기억하세요.

5 액체를 섞을 때는 각 재료의 온도가 중요합니다. 버터가 지나치게 차거나 뜨거울 경우 함께 섞는 재료와 골고루 섞이지 못할 수도 있으니까요. 달걀은 알끈을 제거하고 노른자와 흰자가 잘 풀어지도록 섞으세요.

모카럼레이즌커피케이크
Mocha Rum Raisin Coffee Cake

입안에서 부드럽게 녹아내리는 모카케이크의 촉촉함과 잘근잘근 씹히는 달콤한 건포도의 궁합이 아주 잘 어울리는 케이크예요. 은은한 시나몬과 다크럼의 풍미가 고급스러운 맛을 배가시키는 진정한 홈메이드 커피케이크랍니다.

Tip

1 케이크는 만든 지 하루 정도 지나면 고유의 풍미와 식감이 살아나 맛이 좋아집니다. 구운 케이크를 완전히 식힌 뒤 공기가 통하지 않게 밀봉하여 하루 정도 숙성시키세요. 먹기 직전 전자레인지에 아주 잠깐 동안 데우면 좀 더 촉촉하게 즐길 수 있지요. 단, 너무 오랫동안 데우면 수분이 과하게 날아가 식감이 질기고 뻣뻣해지니 20초 정도만 데우세요.

2 반죽 중 수분 함량이 높은 경우 식감은 촉촉하고 부드럽지만, 그만큼 믹싱하기가 까다롭답니다. 오버 믹싱하지 않도록 하세요.

3 이 케이크에는 녹인 버터보다는 포도씨유를 사용하는 것이 좋아요. 액체 재료에 유지 함량이 높은 사워크림이 많이 들어가기 때문에 버터 대신 깔끔한 오일을 사용하는 것이 전체적인 맛과 풍미에 있어서 밸런스가 맞습니다. 무엇보다 이 케이크의 특징인 부드럽고 촉촉한 식감은 오일이 만들어낸 장점이라고 할 수 있지요.

Recipe

윗지름 18cm 원형 틀 1개 분량
180℃ | 40~50분

중력분	200g
시나몬파우더	1g
베이킹파우더	3g
베이킹소다	2g
설탕	140g
소금	2g

달걀	2개
포도씨유	70g
사워크림	200g

인스턴트커피	5g
온수	15g

건포도	80g
다크럼	20g

* 오븐은 180℃로 예열한다.

Process

1
건포도는 다크럼과 섞어 1시간 정도 불린다. 중간 중간 건포도를 뒤적여 럼에 잘 불도록 한다.

2
모든 재료는 전자저울을 사용하여 정확하게 계량한다. 밀가루와 베이킹파우더, 베이킹소다, 시나몬파우더는 한꺼번에 계량해서 체에 두세 번 정도 친다. 인스턴트 커피는 온수에 녹이고, 달걀과 사워크림은 실온 상태로 준비해서 찬기를 완전히 없앤다.

3
커피액과 사워크림, 포도씨유, 달걀을 볼에 넣고 멍울이 없도록 골고루 푼다.

4
가루류에 설탕과 소금을 넣고 거품기로 섞는다.

5
골고루 섞은 가루류에 액체를 모두 넣고 스패출러로 바닥의 반죽을 위로 퍼 올리는 동작을 서너 번 정도 하면서 뒤적인다.

6
날가루가 보이는 반죽 위에 불린 건포도와 남아 있는 다크럼을 모두 넣고 대충 섞은 뒤 스패출러로 바닥의 반죽을 위로 퍼 올리듯 뒤적이며 섞는다.

7
대충대충 반죽을 섞어 마무리한다. 간혹 날가루가 보여도 상관없으니 믹싱볼 옆면만 깨끗이 정리한다.

8
유산지를 깐 원형 틀에 반죽을 패닝한 뒤 틀째 바닥에 두세 번 내리친다. 180℃로 20분 이상 예열한 오븐에 40~50분 구워서 익은 정도를 나무 꼬치로 확인한 뒤 바로 틀에서 분리하여 식힘망에 얹어 식힌다.

바나나코코넛월넛케이크
Banana Coconut Walnut Cake

언제 먹어도 맛있는 클래식 아이템, 바나나코코넛월넛
케이크예요. 알려진 홈베이킹 레시피만 해도 그 종류가
꽤나 많은데, 그만큼 맛이 보장되기 때문이겠지요. 바나
나와 호두, 코코넛은 환상의 궁합을 자랑하는 재료들로,
한입 베어 물면 입안에 퍼지는 향긋하고 달콤한 바나나
와 코코넛, 고소한 호두까지, 정말 맛있답니다. 케이크
결의 식감보다는 부재료의 맛과 향, 질감으로 먹는 바나
나코코넛월넛케이크의 베스트 레시피를 소개합니다.

Recipe

14×9×5cm 타원형 틀 2개 분량
180℃ | 30~40분

중력분 ·························· 150g
시나몬파우더 ················· 1g
너트메그파우더 ·········· 조금
베이킹파우더 ·················· 4g
베이킹소다 ······················ 2g
마스코바도 설탕(유기농 황설탕)
··································· 100g
소금 ····························· 1g

달걀 ································ 2개
포도씨유 ························ 80g
우유 ······························ 40g
바나나 ·························· 120g
바닐라엑스트랙 ············· 5g

슬라이스코코넛 ·············· 40g
호두 잘게 다진 것 ··········· 70g

* 오븐은 180℃로 예열한다.

Process

1 밀가루와 베이킹파우더, 베이킹 소다, 시나몬파우더, 너트메그파우더는 한꺼번에 계량해서 체에 두세 번 정도 친다. 달걀과 우유, 포도씨유, 바닐라엑스트랙은 실온 상태로 준비해서 찬기를 완전히 없앤 다음 골고루 섞어둔다.

2 바나나는 포크로 곱게 으깬다. 호두는 오븐에 살짝 구운 뒤 잘게 다지고, 코코넛은 파우더가 아니라 설탕에 절인 슬라이스로 준비한다.

3 가루류에 설탕과 소금을 넣고 거품기로 섞는다.

4 골고루 섞은 가루류에 액체를 모두 넣고 스패츌러로 바닥의 반죽을 위로 퍼 올리는 동작을 두세 번 정도 하면서 뒤적인다.

5 대충 섞여 날가루가 보이는 반죽 위에 으깬 바나나를 모두 넣고 스패츌러로 바닥의 반죽을 위로 퍼 올리는 동작을 두세 번 정도 하며 뒤섞는다.

6 날가루가 보이는 상태의 반죽에 호두와 슬라이스코코넛을 모두 넣고 바닥의 반죽을 위로 퍼 올리듯 두세 번 정도 뒤적이며 섞는다.

Tip

1 바나나는 믹서에 완전히 곱게 가는 것보다 포크로 살짝 으깨어 약간 덩어리가 있는 상태로 사용하세요. 부드럽게 씹히는 바나나 과육으로 인해 훨씬 촉촉한 식감을 느낄 수 있습니다.

2 호두를 오븐에 구우면 고소한 풍미가 배가되지요. 코코넛은 파우더보다는 설탕에 절인 슬라이스 형태를 사용하는 것이 좋은데요. 건조한 파우더보다는 촉촉한 슬라이스가 완성된 케이크의 씹는 맛과 달콤함을 만드는 데 큰 역할을 한답니다.

3 마스코바도 설탕은 설탕 자체에 수분이 많아 뭉치기 쉬우니 골고루 풀어서 사용하세요. 밀가루 입자와 완전히 섞이도록 거품기를 천천히, 그러나 충분히 저어야 합니다.

4 부재료가 많이 들어가는 케이크일수록 오버 믹싱되어 식감이 질깃하고 떡이 질 확률이 높지요. 짧은 믹싱에 성공 여부가 달린 원믹스법 케이크일 경우 부재료를 한꺼번에 넣고 섞으면 골고루 섞이지 못하고 뭉쳐서 한곳에 몰릴 수 있습니다. 따라서 반드시 몇 번에 나눠 넣어가며 섞어야 식감이 고른 케이크가 만들어집니다. 레시피 과정에 언급된 것처럼 두세 번 정도의 짧은 믹싱으로 반죽을 마무리해야 부드럽고 폭신한 식감이 만들어진다는 걸 꼭 기억하세요.

7 믹싱볼 옆면을 깨끗이 긁으면서 반죽을 완성한다.

8 유산지를 깐 타원형 틀에 반죽을 패닝한 뒤 틀째 바닥에 두세 번 내리친다. 180℃로 20분 이상 예열한 오븐에 30~40분 구워서 익은 정도를 나무 꼬치로 확인한 뒤 바로 틀에서 분리하여 식힘망에 엎어 식힌다.

초콜릿너트케이크
Chocolate Nut Cake

오일의 촉촉함을 식감에 그대로 담은 초콜릿너트케이크예요. 씹을 때마다 견과류의
다양한 맛이 고스란히 느껴지면서 달지 않고 맛은 진한 케이크랍니다. 좋아하는 견과
류를 다양하게 사용해보세요. 각기 다른 고소함이 느껴질 거예요.

24×8×6cm
직사각 파운드케이크틀 1개 분량
180℃ | 40~50분

중력분 ······················150g
무가당 코코아파우더 ········30g
베이킹파우더 ··················4g
베이킹소다 ····················1g
설탕 ·························115g
소금 ···························1g

달걀 ···························2개
포도씨유 ·····················80g
사워크림 ····················230g
바닐라엑스트랙 ···············5g

각종 견과류 다진 것 ·········120g

* 오븐은 180℃로 예열한다.

Process

1
밀가루와 코코아파우더, 베이킹
파우더, 베이킹소다는 한꺼번에
계량해서 체에 두세 번 정도 친다.
달걀과 사워크림, 포도씨유, 바닐
라엑스트랙은 실온 상태로 준비
해서 찬기를 완전히 없앤 뒤 골고
루 섞는다.

2
직사각 파운드케이크틀에 유산지
를 깐다.

3
각종 견과류는 오븐에 살짝 구워
서 잘게 다진다.

4
가루류에 설탕과 소금을 넣고 거
품기로 섞는다.

5
골고루 섞은 가루류에 액체를 모
두 넣고 스패출러로 바닥의 반죽
을 위로 퍼 올리는 동작을 서너 번
정도 하면서 뒤적인다.

6
대충 섞여 날가루가 보이는 반죽
위에 견과류를 모두 넣고 스패출
러로 바닥의 반죽을 위로 퍼 올리
듯 뒤적이며 섞는다.

7
믹싱볼 옆면을 깨끗이 긁으면서
반죽을 완성한다.

8
유산지를 깐 파운드케이크틀에
반죽을 패닝한 뒤 틀째 바닥에 두
세 번 내리친다. 180℃로 20분 이
상 예열한 오븐에 40~50분 구워
서 익은 정도를 나무 꼬치로 확인
한 뒤 바로 틀에서 분리하여 식힘
망에 얹어 식힌다.

× × × × × × × × × × ×
Tip
견과류는 좋아하는 종류로 사
용하세요. 호두, 아몬드, 피스
타치오, 잣 등을 골고루 섞어
서 180℃로 예열한 오븐에 20
분 정도 구우면 고소한 맛이
배가됩니다. 반죽에 넣을 때
는 콩알 ½개 정도 크기로 다
지세요.

26
Batter Type Cake

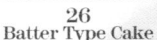

스파이시머핀
Spicy Muffin

들어간 부재료가 없어도 자꾸만 손이 가는, 고급스런 스파이시 향의 심플한 머핀이에요. 좋아하는 부재료를 넣어 다양하게 구우면 또 다른 맛과 향으로 변신하는 머핀의 기본이니 배합률을 잘 기억했다가 나만의 레시피로 응용하세요. 아이가 먹고 싶어 할 때도 후다닥 만들어 낼 수 있는 착한 머핀입니다.

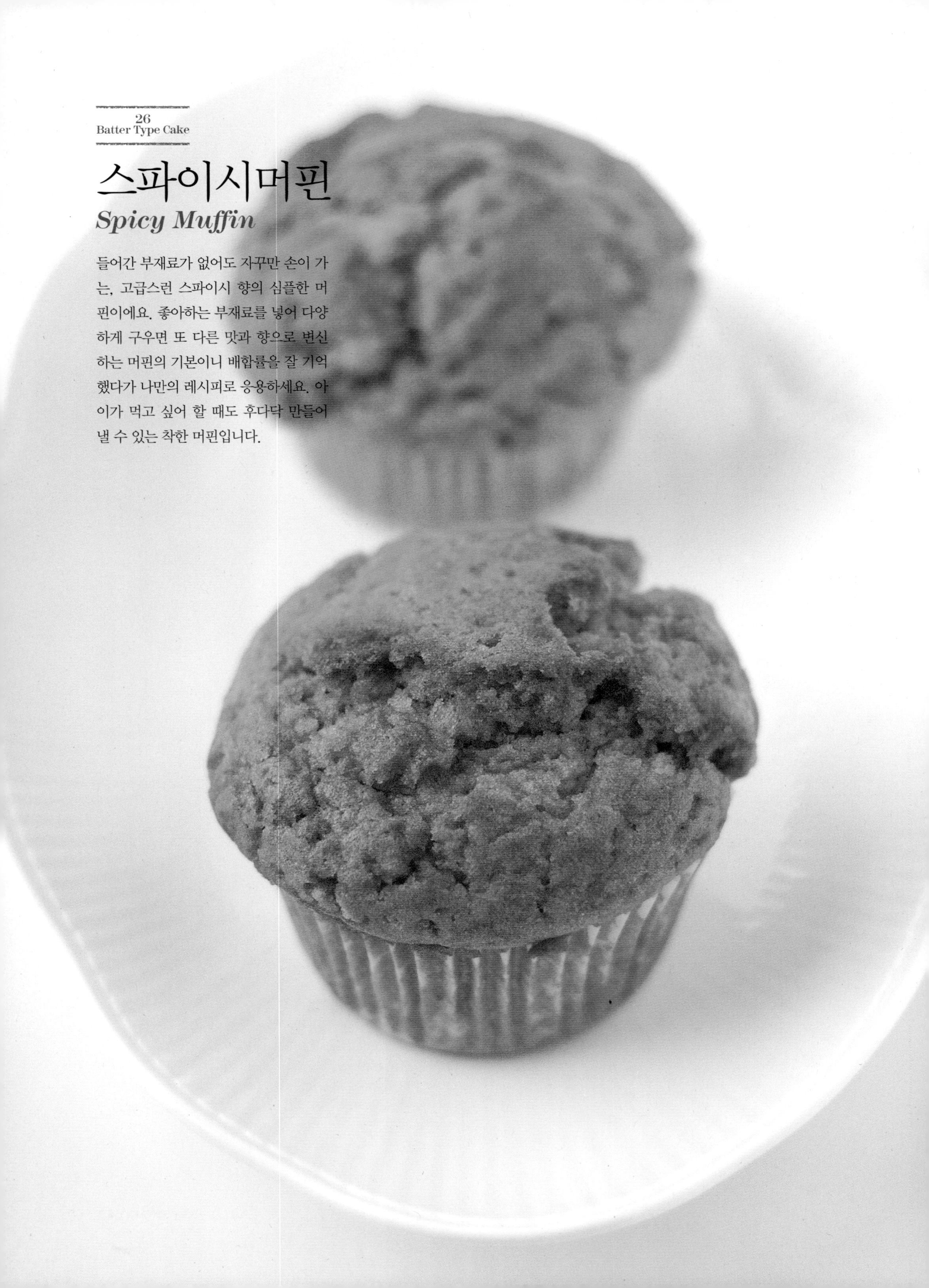

일반 머핀틀 5~6개 분량
180℃ | 20~25분

중력분 ·············· 140g
시나몬파우더 ··············1g
진저파우더 ········· 조금(1꼬집)
너트메그파우더 ····· 조금(1꼬집)
베이킹파우더 ·············5g
설탕 ··············75g
소금 ··············1g

달걀 ··············1개
포도씨유 ··············60g
우유 ··············90g
바닐라엑스트랙 ··············5g

* 오븐은 180℃로 예열한다.

Process

1 밀가루와 시나몬파우더, 진저파우더, 너트메그파우더, 베이킹파우더는 한꺼번에 계량해서 체에 두세 번 정도 친다. 달걀과 우유, 포도씨유, 바닐라엑스트랙은 실온 상태로 준비해서 찬기를 완전히 없앤 뒤 골고루 섞는다.

2 가루류에 설탕과 소금을 넣고 거품기로 섞는다.

3 골고루 섞은 가루류에 액체를 모두 넣고 스패출러로 바닥의 반죽을 위로 퍼 올리는 동작을 두세 번 정도 하면서 뒤적인다.

4 반죽이 대충 섞이면 믹싱볼 옆면을 깨끗이 긁으면서 반죽을 완성한다.

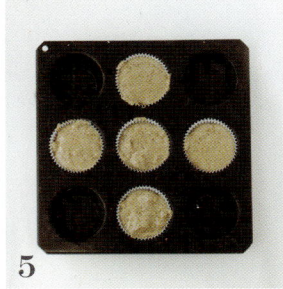

5 유산지를 끼운 머핀틀에 반죽을 패닝한 뒤 틀째 바닥에 두세 번 내리쳐서 반죽이 골고루 담기게 한다. 빈 틀에는 뜨거운 물을 부은 뒤 180℃로 20분 이상 예열한 오븐에서 20~25분 구워서 익은 정도를 나무 꼬치로 확인하고 바로 틀에서 분리하여 식힘망에 얹어 식힌다.

Tip

1 머핀은 다른 케이크에 비해 상대적으로 유지와 달걀, 설탕량이 적고 밀가루의 양이 많은 것이 특징입니다. 머핀 만들 때 입맛에 맞춰 설탕량을 조절해보세요. 머핀은 다른 케이크에 비해 설탕에 의한 질감의 변화가 크지 않기 때문에 단맛을 적당히 조절할 수 있습니다. 보통 밀가루 대비 50~70% 정도 사용하면 적당한데, 이 레시피에서 설탕량을 조절할 경우 70~100g까지 늘릴 수 있답니다.

2 너트메그파우더와 진저파우더는 엄지와 검지로 살짝 집는 분량인 1꼬집 정도를 사용하면 알맞습니다. 파우더 무게가 가벼워서 저울로 계량하기 어렵기 때문에 손가락으로 적당하게 집어서 넣거나 계량스푼으로 1/4작은술 정도를 넣으면 됩니다.

3 머핀에 각종 부재료를 넣을 경우 부재료의 양은 대략 밀가루 대비 40~60% 선이 적당합니다.

초콜릿머핀
Chocolate Muffin

아이들은 초콜릿머핀을 정말 좋아해요. 진하고 리치한 맛이 특징인 초콜릿머핀은
원믹스법으로 만드는 것 중에 정말 간단하면서도 실패율 역시 낮은 머핀 중 하나
랍니다. 촉촉하고 보들보들한 식감이 참 좋아 차가운 우유를 곁들이면 금방 먹어
버리지요.

Recipe

일반 머핀틀 6개 분량
180℃ | 20~25분

중력분 ························· 150g
무가당 코코아파우더 ······ 20g
베이킹파우더 ·················· 4g
베이킹소다 ······················ 1g
설탕 ·························· 100g
소금 ·························· 2g

달걀 ····························· 1개
무염버터 녹인 것 ············ 70g
우유 ·························· 110g
바닐라엑스트랙 ················ 5g

* 오븐은 180℃로 예열한다.

Process

1 밀가루와 코코아파우더, 베이킹파우더, 베이킹소다는 한꺼번에 계량해서 체에 두세 번 정도 친다. 실온 상태에 둔 달걀과 우유, 바닐라엑스트랙, 버터 녹인 것을 골고루 섞는다.

2 가루류에 설탕과 소금을 넣고 거품기로 섞는다.

3 골고루 섞은 가루류에 액체를 모두 넣고 스패출러로 바닥의 반죽을 위로 퍼 올리는 동작을 두세 번 정도 하면서 뒤적인다.

4 반죽을 짓이기듯 휘저으며 섞지 말고 날가루가 안 보일 만큼만 대충 섞는다.

5 믹싱볼 옆면을 깨끗이 긁으면서 반죽을 완성한다.

6 유산지를 끼운 머핀틀에 반죽을 패닝한 뒤 틀째 바닥에 두세 번 내리쳐서 반죽이 골고루 담기게 한다. 180℃로 20분 이상 예열한 오븐에 20~25분 구워서 익은 정도를 나무 꼬치로 확인한 뒤 바로 틀에서 분리하여 식힘망에 얹어 식힌다.

Tip

1 버터 녹인 것 대신 포도씨유를 사용해도 좋아요. 식물성 오일을 사용할 경우 제시된 우유 분량 중 반 정도를 사워크림으로 넣으면 식감이 한결 촉촉해집니다. 액체는 우유나 사워크림을 단독으로 사용해도 되고 둘을 섞어도 무방합니다. 어느 경우든 모든 액체는 반드시 실온 상태로 사용해야 한다는 걸 잊지 마세요.

2 초콜릿칩이나 호두 다진 것, 으깬 바나나를 넣으면 또 다른 맛과 향의 초콜릿머핀이 만들어집니다. 밀가루 대비 40~60% 정도의 부재료를 넣어 구우세요.

3 머핀은 패닝할 때 반죽을 틀에 가득 부어야 먹음직스럽게 볼륨이 생깁니다. 틀 가득히 반죽을 부어서 구우세요. 낱개 머핀틀이 아닌 넓은 팬 형식의 머핀틀을 사용할 경우 빈 틀을 두고 거기에 뜨거운 물을 부어서 구우면 머핀이 한결 예쁘고 봉긋하게 부풀어 오른답니다.

요구르트머핀
Yogurt Muffin

다른 머핀에 비해 사용되는 유지의 양이 적은 대신 상큼한 플레인 요구르트를 듬뿍 넣어서 매우 순하고 부드러운 맛을 내는 깔끔쟁이, 바로 요구르트머핀이에요. 반죽 위에 마스코바도 설탕을 솔솔 뿌려서 구우면 한결 달콤하고 향긋하게 즐길 수 있지요.

일반 머핀틀 6개 분량
180℃ | 20~25분

중력분	150g
베이킹파우더	4g
베이킹소다	1g
설탕	70g
소금	1g
달걀	1개
버터 녹인 것	40g
무가당 플레인 요구르트	180g
바닐라엑스트랙	5g
마스코바도 설탕(유기농 황설탕)	
	적당량

* 오븐은 180℃로 예열한다.

1 밀가루와 베이킹파우더, 베이킹소다는 한꺼번에 계량해서 체에 두세 번 정도 친다. 실온 상태에 둔 달걀과 요구르트, 바닐라엑스트랙, 버터 녹인 것을 골고루 섞는다.

2 가루류에 설탕과 소금을 넣고 거품기로 섞는다.

3 골고루 섞은 가루류에 액체를 모두 넣고 스패출러로 바닥의 반죽을 위로 퍼 올리는 동작을 두세 번 정도 하면서 뒤적인다.

4 반죽이 대충 섞이면 믹싱볼 옆면을 깨끗이 긁으면서 반죽을 완성한다.

5 유산지를 끼운 머핀틀에 반죽을 패닝한 뒤 틀째 바닥에 두세 번 내리쳐서 반죽이 골고루 담기게 한다. 180℃로 20분 이상 예열한 오븐에 20~25분 구워서 익은 정도를 나무 꼬치로 확인한 뒤 바로 틀에서 분리하여 식힘망에 얹어 식힌다.

Tip

1 버터 녹인 것 대신 포도씨유를 사용해도 좋아요.

2 설탕 양은 입맛에 맞춰 60~100g 정도에서 조절해 사용하세요.

3 토핑용으로 마스코바도 설탕을 사용하는데, 없으면 일반 흑설탕이나 황설탕을 사용하세요.

아몬드크랜베리머핀
Almond Cranberry Muffin

아몬드파우더를 넣어 고소하고 진한 맛이 일품인 아몬드크랜베리머핀은 케이크의
식감보다는 부재료의 씹는 맛으로 먹는 머핀이랍니다. 럼에 살짝 절인 크랜베리를
넣어, 크랜베리를 씹을 때마다 그윽한 풍미를 선사하지요.

일반 머핀틀 6개 분량
180℃ | 20~25분

중력분 ······················120g
아몬드파우더 ················35g
베이킹파우더 ··················4g
설탕 ·························75g
소금 ··························1g

달걀 ·························1개
무염버터 녹인 것 ············60g
우유 ·······················100g

크랜베리 ·····················45g
다크럼 ·······················10g
슬라이스아몬드 ···············50g

* 오븐은 180℃로 예열한다.

1 크랜베리는 럼과 섞어 1시간 정도 절인다. 중간 중간 크랜베리를 뒤적여 럼에 잘 절여지도록 한다.

2 밀가루와 아몬드파우더, 베이킹파우더는 한꺼번에 계량해서 체에 두세 번 정도 친다. 실온 상태에 둔 달걀과 우유, 버터 녹인 것을 골고루 섞는다.

3 가루류에 설탕과 소금을 넣고 거품기로 섞는다.

4 골고루 섞은 가루류에 액체를 모두 넣고 섞는다.

5 스패출러로 바닥의 반죽을 위로 퍼 올리는 동작을 두세 번 정도 하면서 뒤적인다.

6 대충 섞여 날가루가 보이는 반죽 위에 절인 크랜베리와 남아 있는 럼, 슬라이스아몬드를 모두 넣는다.

7 스패출러로 바닥의 반죽을 위로 퍼 올리듯 뒤적이며 잠깐 동안 섞은 뒤 믹싱볼 옆면을 깨끗이 긁으면서 반죽을 완성한다.

8 유산지를 깐 타원형 틀에 반죽을 패닝한 뒤 틀째 바닥에 두세 번 내리쳐서 반죽이 골고루 담기게 한다. 빈 틀에는 뜨거운 물을 부은 뒤 180℃로 20분 이상 예열한 오븐에서 20~25분 정도 구워서 익은 정도를 나무 꼬치로 확인하고 바로 틀에서 분리하여 식힘망에 얹어 식힌다.

Tip

1 머핀에 들어가는 밀가루 중 일부를 아몬드파우더로 대체하면 식감이 한결 촉촉하고 고소하며 진해지는 장점이 있지요. 밀가루 대비 20~30% 선에서 넣으면 적당합니다.

2 크랜베리 대신 건포도나 기타 좋아하는 건과일을 넣어도 좋아요. 건과일은 반드시 럼이나 물에 불리는 전처리 과정을 거친 뒤 사용해야 케이크 식감이 건조해지지 않습니다. 건과일 함량이 높을 경우 그냥 사용하면 건과일이 케이크의 수분을 흡수하여 식감이 건조해질 수 있으니 반드시 럼이나 물 등 수분을 머금게 한 상태에서 사용하도록 하세요.

3 녹여서 준비한 버터는 미지근한 상태를 유지하도록 하세요. 녹인 버터가 너무 차가우면 다른 액체 재료를 섞을 때 덩어리질 수 있으니, 약간 미지근한 상태에서 다른 액체 재료를 섞어야 합니다.

A

A

Cheese
Cake

B

C

A

Part 5

치즈케이크

Intro
치즈케이크란?

치즈케이크는 다른 케이크에 비해 재료나 기법 면에서 매우 자유롭기 때문에 다양하고 특색 있는 레시피가 많습니다. 정통 케이크 레시피에 비해 배합률에 일정한 형식이 없고 천차만별이기 때문에 전 세계적으로 가장 많은 레시피 중 하나가 치즈케이크가 아닐까 싶을 정도로 그 세계가 방대하며 무궁무진합니다.

치즈케이크의 가장 큰 특징은 재료 중에 밀가루가 전혀 들어가지 않거나 아주 소량 들어가며, 배합되는 액체량이 많고, 크림치즈 이외에는 유지도 거의 들어가지 않거나 소량만 사용된다는 점입니다.

또 한 가지, 만드는 방법이 매우 다양한데, 일반 케이크처럼 흰자 거품인 머랭을 섞어서 만드는 수플레 스타일부터 거품 없이 모든 재료를 골고루 섞어서 만드는 방법까지 있으며, 굽는 방식도 다양하여 스팀으로 찌듯이 굽거나 일반 케이크처럼 굽거나, 아예 굽지 않고 냉장고에 차게 굳혀서 만드는 방법까지 다양하게 있는 독특한 스타일의 케이크입니다.

치즈케이크는 굽기에 따라 두 가지 스타일로 나뉘는데, 오븐에 굽지 않고 냉장고에 굳혀서 만드는 무스 타입의 레어치즈케이크(Rare Cheese Cake)와 일반 케이크처럼 오븐에 굽는 베이크드치즈케이크(Baked Cheese Cake)입니다. 레어치즈케이크는 젤라틴이라는 응고제를 따로 넣어 굳히는 것으로, 마치 푸딩이나 아이스크림처럼 식감이 가볍고 부드러운 것이 특징입니다. 반면 베이크드치즈케이크는 뜨거운 물을 오븐팬 바닥에 붓고 그 위에 케이크틀을 담아서 스팀으로 찌는 형식으로 굽는 경우가 많습니다. 낮은 온도에서 오랫동안 굽기 때문에 케이크 색이 연하면서 식감 또한 매우 부드럽고 촉촉해 크림치즈의 깊고 진하며 풍부한 맛이 잘 살아나는 것이 특징입니다.

이 책에서는 오븐에 굽는 베이크드 스타일의 치즈케이크를 소개합니다. 가장 기본이 되는 치즈케이크들로 별다른 어려움이나 실패 없이 만들 수 있는 종류들이니 겁먹지 말고 도전하세요. 베이킹 초보자라면 자주 만들면서 나름대로 실습을 통해 자신만의 치즈케이크를 개발하는 것이 중요합니다. 무엇보다 치즈케이크는 홈베이킹의 특징인 자유로운 베이킹의 즐거움을 한껏 만끽할 수 있는 분야이니 즐겁게 만들어보세요.

Cheese
Cake

Cheese
Cake

뉴욕치즈케이크
New York Cheese Cake

크림치즈의 깊고 진한 맛과 크리미한 질감으로 유명한 뉴욕치즈케이크예요.
본토의 뉴욕치즈케이크는 크림치즈 본연의 맛을 즐기기 위해 밀가루를 사용하지 않고,
부재료 역시 가장 최소한으로 넣어 만든다고 합니다.
누가 만들어도 실패하지 않을 뉴욕치즈케이크, 즐겁게 만들어서 맛있게 즐기세요.

Recipe

21cm 원형 링틀 1개 분량
160℃ | 1시간 10분~1시간 30분

크러스트

플레인 쿠키(다이제스티브)	140g
무염버터 녹인 것	50g
설탕	30g

크림치즈 반죽

달걀	3개
크림치즈	700g
사워크림	140g
생크림	100g
설탕	150g
소금	1g
바닐라엑스트랙	10g

* 오븐은 160℃로 예열한다.
* 끓는 물을 준비한다.

1

모든 재료는 실온 상태로 준비해서 찬기를 완전히 없앤 뒤 전자저울을 사용하여 정확하게 계량한다. 크림치즈는 말랑말랑한 상태로, 사워크림과 생크림은 골고루 섞어서 준비한다. 크러스트에 사용할 버터는 전자레인지에 살짝 녹여서 미지근하게 식힌다. 달걀은 알끈을 제거하고 흰자와 노른자가 고루 섞이도록 잘 푼다.

2

원형 링틀 밑부분에 쿠킹호일을 깔고 링틀 옆면까지 올라오도록 잘 붙인 뒤 적당한 크기의 오븐팬 위에 올린다.

3

쿠킹호일을 깐 링틀안에 유산지를 깔아서 준비한다.

4

플레인 쿠키(다이제스티브)를 지퍼백에 넣고 밀대로 두들겨서 고운 파우더 상태로 만든다.

5

④의 쿠키파우더에 설탕을 넣고 골고루 섞는다.

6

설탕을 섞은 쿠키파우더에 버터 녹인 것을 넣고 골고루 섞는다.

7

쿠키파우더를 고슬고슬하게 만들어서 크러스트를 완성한다.

8

유산지를 깐 원형 링틀에 크러스트를 꾹꾹 눌러 담는다.

9

실온에 두어 말랑말랑한 크림치즈를 믹싱볼에 넣고 거품기로 부드럽게 푼다.

10

크림치즈가 마요네즈 상태처럼 부드럽게 풀리면 준비한 설탕을 넣고 골고루 섞는다.

11

거품기를 힘차게 저어 설탕을 녹인다. 설탕이 적당히 녹으면서 크림치즈가 진득해지며 부드럽게 될 때까지 섞는다.

12

크림치즈에 설탕이 적당히 녹아 부드러운 반죽이 되면 잘 풀어둔 달걀을 서너 번에 나눠 넣으면서 매끈한 반죽이 되도록 섞는다.

13

사워크림과 생크림 섞은 것을 흘려 넣으면서 골고루 섞는다.

14

바닐라엑스트랙을 넣고 골고루 섞는다.

15

믹싱볼 옆면을 깨끗이 긁으면서 겉도는 재료가 없게 골고루 섞어서 크림치즈 반죽을 완성한다.

16

쿠키 크러스트를 깐 원형 틀에 반죽을 패닝한다. 또 다른 넓은 오븐팬에 뜨거운 물을 붓고 반죽을 패닝한 원형 틀이 얹힌 팬을 그대로 올려 160℃로 20분 이상 예열한 오븐에 1시간 10분~1시간 30분 정도 굽는다. 치즈케이크는 가는 나무 꼬치로 가운데 부분을 바닥까지 깊숙이 찔렀을 때 꼬치 끝부분에 반죽의 물기가 살짝 묻어나는 정도가 되면 적당하게 익은 것이니 오븐에서 꺼내 틀째 식힌다.

Tip

1 뉴욕 현지의 오리지널 치즈케이크는 한입 베어 물면 당장 쓴 커피를 찾아야 할 정도로 단맛이 강하다지요? 요즘은 뉴욕뿐만 아니라 전 세계적으로 수많은 뉴욕치즈케이크가 있는데, 레시피는 조금씩 다를지라도 진하고 크리미한 맛은 공통적인 특징입니다.

2 바닥이 쉽게 분리되는 틀을 사용하세요. 치즈케이크는 수분 함량이 높아 질감이 매우 연해서 일반 케이크처럼 뒤집어서 분리할 수 없기 때문에, 링틀을 사용하거나 옆면과 바닥이 분리되는 스프링폼틀을 사용해야 뗄 때 케이크가 부서지지 않고 모양을 잘 살릴 수 있습니다. 또한 바닥이 분리되는 틀을 사용할 때는 반드시 다른 오븐팬 하나를 더 덧대야 합니다. 치즈케이크는 보통 뜨거운 물을 부어 스팀법으로 굽기 때문에 물을 부은 오븐팬 위에 반죽이 담긴 케이크를 그냥 얹으면 바닥으로 물이 스며들어 케이크를 망칠 수 있기 때문입니다.

3 크러스트에 들어가는 재료는 밀대로 두들기거나 푸드 프로세서에 갈아서 좀 더 균일하고 조밀한 파우더 형태로 만드세요. 사용하는 쿠키는 다이제스티브같이 단맛이 적은 플레인 쿠키가 적당합니다. 때에 따라서는 오레오 같은 초콜릿쿠키나 스펀지케이크, 파이 도우를 깔아도 좋습니다. 만들고자 하는 치즈케이크의 맛과 질감을 생각하여 적절하게 대체하세요.

4 크러스트를 누를 때 원형 케이크틀을 사용하면 편리합니다. 케이크 틀 바닥으로 크러스트를 힘 있게 누르면 평평하고 고른, 단단한 크러스트로 고정됩니다.

5 크림치즈는 실온에 두어 찬기가 전혀 없는 말랑말랑한 상태의 것을 사용하세요. 냉동 상태거나 냉동했다 해동한 크림치즈는 사용하지 않는 것이 좋습니다. 크림치즈는 얼었다가 해동되면 수분과 유분이 분리되어 몽글몽글한 상태가 되는데, 이 상태는 잘 풀어지지 않기 때문에 케이크 결에 덩어리째 그대로 박혀 구워지게 됩니다. 맛에는 큰 차이가 없지만 치즈케이크의 결을 망치는 원인이 되지요.

6 크림치즈에 설탕을 넣어 믹싱하면 반죽이 묽어지면서 설탕이 녹기 시작합니다. 이때 손으로 만져서 설탕 입자가 거의 안 느껴지거나 약간 느껴지는 정도까지만 녹입니다. 치즈케이크는 액체 재료의 배합률이 높기 때문에 처음부터 설탕을 완전히 녹이지 않아도 과정을 거치면서 설탕이 거의 다 녹는답니다. 백설탕이나 유기농 황설탕 모두 사용 가능하며, 깊은 단맛과 풍미를 내는 데는 유기농 황설탕이 더 좋습니다.

7 크림치즈케이크는 특별한 도구 없이 거품기로 수월하게 만들 수 있습니다. 일반 스펀지케이크나 버터케이크처럼 공기를 품게 하는 과정을 거치지 않고 단순하게 재료만 골고루 섞어서 만들기 때문에, 그만큼 실패율이 적은 케이크입니다. 거품기를 사용하여 각각의 재료를 반죽에 섞을 때는 믹싱볼 바닥까지 닿게 하여 골고루 섞되, 중간 중간에 믹싱볼 옆면도 깨끗이 정리하여 겉도는 반죽이 없도록 하세요.

8 액체 재료인 사워크림과 생크림은 각각 단독으로 사용할 수 있습니다. 뉴욕치즈케이크의 다양한 레시피들을 보면 베이커에 따라 생크림만, 또는 사워크림만 사용하는 경우도 있습니다. 사워크림만 사용할 경우 새콤함이 더해져 좀 더 깔끔한 맛이 나며, 생크림만 사용할 경우에는 풍부하고 진한 맛의 케이크가 됩니다.

9 치즈케이크는 뜨거운 물을 부은 팬에 반죽을 담은 케이크틀을 얹어 낮은 온도에서 스팀법으로 구워야 합니다. 치즈케이크는 다른 케이크에 비해 굽는 시간이 길기 때문에 오븐 안에서 과도한 수분 증발이 일어날 수 있어요. 그래서 일부러 뜨거운 물을 팬에 붓는 거예요. 그래야 케이크 내의 수분 함량이 유지되어 촉촉하고 부드러운 케이크가 완성됩니다. 뜨거운 물을 붓지 않고 그냥 오븐 열로만 구울 경우 오랜 시간 굽기 때문에 케이크의 촉촉함이 사라집니다.

10 치즈케이크는 가는 나무 꼬치로 가운데 부분을 바닥까지 깊게 찔러서 꼬치 끝부분에 반죽이 아닌 반죽의 물기가 묻어나는 정도가 적당하게 익은 것입니다. 일반 케이크처럼 수분을 완전히 날려서 굽는 것이 아니라 케이크 내의 수분을 유지시켜 굽기 때문에 꼬치 테스트를 했을 때 반죽의 물기가 약간 묻어난다는 걸 기억하세요.

11 구운 치즈케이크는 완전히 식힌 뒤 냉장 보관하여 차갑게 먹는 것이 제일 맛있어요. 치즈케이크를 식히면 뜨거운 열기가 나가면서 케이크의 볼륨이 줄어드는데, 간혹 과하게 부풀어 오른 반죽은 그만큼 많이 주저앉지요. 이런 현상은 잘못된 것이 아닙니다.

12 치즈케이크를 자를 때는 칼의 단면을 불에 살짝 달구거나 뜨거운 물에 담갔다가 물기를 제거한 뒤 한 번에 자르면 깔끔하게 잘립니다. 일반 빵처럼 톱질하듯 자르면 단면이 지저분해져요.

모카치즈케이크
Mocha Cheese Cake

그윽한 커피 향을 풍기는 고급스런 모카치즈케이크예요. 폭신한 초콜릿스펀
지케이크 시트를 두툼하게 깔고 구우면 부드러운 초콜릿케이크와 진하고 리
치한 모카치즈케이크 맛을 동시에 즐길 수 있어 입이 즐겁답니다.

15×15×7cm 정사각 틀 1개 분량
160℃ | 1시간~1시간 10분

크러스트
초콜릿스펀지케이크(p.68 거품형
케이크의 초콜릿스펀지케이크 만
드는 법 참고)

크림치즈 반죽
달걀 ·························· 1개
크림치즈 ······················ 300g
사워크림 ······················ 40g
생크림 ························ 55g
인스턴트커피 ·················· 5g
설탕 ·························· 100g
소금 ·························· 1g
바닐라엑스트랙 ·············· 5g

* 오븐은 160℃로 예열한다.
* 끓는 물을 준비한다.

1 모든 재료는 실온 상태로 준비해서 찬기를 완전히 없앤다. 크림치즈는 말랑말랑한 상태로 준비하고, 달걀 은 알끈을 제거하고 흰자와 노른자 가 고루 섞이도록 잘 푼다.

2 생크림을 데워서 인스턴트커피를 넣고 완전히 녹인다.

3 바닥이 분리되는 사각 틀에 유산 지를 깐 뒤 초콜릿스펀지케이크 를 재단해서 두툼하게 깐다.

4 거품기로 크림치즈를 풀다가 크 림치즈가 부드럽게 풀리면 설탕 을 넣고 골고루 섞는다.

5 크림치즈에 설탕이 적당히 녹아 마요네즈처럼 부드러운 크림 상 태가 되면 달걀을 조금씩 넣으며 섞는다.

6 달걀이 골고루 섞이면 사워크림 과 바닐라엑스트랙을 넣고 골고 루 섞는다.

Tip

1 크러스트로 사용하는 초콜릿스펀지케이크는 거품형 케이크의 만드 는 법(p.68)을 참고하세요. 평소 많이 만들어서 냉동해두고 치즈케이 크가 먹고 싶을 때마다 알맞은 양을 꺼내서 사용하면 편리하지요. 크 러스트용 스펀지케이크는 적당한 두께로 썰면 되는데, 케이크 맛을 함께 즐기고 싶으면 약간 두툼하게 썰고, 치즈케이크 맛만 즐기고 싶 으면 얇게 써세요. 모카치즈케이크에는 오레오 같은 초콜릿쿠키도 크러스트로 아주 잘 어울리지요.

2 생크림에 인스턴트커피를 녹일 때는 커피 알갱이가 남지 않도록 잘 녹이세요. 커피 입자가 굵을 경우 채 녹지 않은 채 반죽에 섞여 그대 로 구워질 수 있으니, 생크림을 약간 뜨겁게 데워서 커피를 녹이세요.

3 치즈케이크를 구울 때는 밑판과 옆면이 분리되는 케이크틀을 사용하 세요. 수분이 많은 케이크라 자칫 틀에서 꺼낼 때 망가지기 쉬운 만 큼, 분리되는 틀을 사용하면 작업이 한결 수월하지요. 또 뜨거운 물이 담긴 오븐팬에 얹어서 구울 때는 분리되는 틀 사이로 물이 스며들어 초콜릿스펀지케이크 크러스트가 젖어서 질척해질 수 있으니 반드시 케이크틀 바닥에 밑판을 덧대어 물기가 닿지 않도록 하세요. 마지막 으로, 구운 치즈케이크는 틀째 완전히 식힌 뒤에 분리해야 합니다.

7 커피 섞은 생크림을 넣고 골고루 섞는다. 믹싱볼 옆면을 깨끗이 긁 으면서 겉도는 재료가 없게 골고 루 섞어서 크림치즈 반죽을 완성 한다.

8 초콜릿스펀지케이크를 깐 사각 틀 에 반죽을 패닝한다. 넓은 오븐팬 에 뜨거운 물을 붓고 반죽을 패닝 한 사각 틀 밑에 오븐팬을 하나 더 덧대서 160℃로 20분 이상 예열한 오븐에 1시간~1시간 10분 정도 굽 는다. 가는 나무 꼬치로 깊숙이 찔 렀을 때 반죽의 습기가 살짝 묻어 나는 정도가 되면 오븐에서 꺼내 틀째 식힌다.

라즈베리레몬치즈케이크
Raspberry Lemon Cheese Cake

상큼하고 말캉한 라즈베리가 통째로 씹히는 치즈케이크랍니다. 새콤한 플레인 요구르트를 넣어
치즈케이크 맛이 아주 깔끔하지요. 작은 원형 틀에 구운 귀엽고 깜찍한 미니 치즈케이크를 예쁘
게 포장해서 선물하세요. 주는 사람도 받는 사람도 참 행복해져요.

지름 9×높이 4cm
원형 링틀 5~6개 분량
160℃ | 40~50분

크러스트
바닐라스펀지케이크(p.58 거품형
케이크의 바닐라스펀지케이크 만
드는 법 참고)

크림치즈 반죽
중력분 ······························15g
달걀 ································ 2개
크림치즈 ·························· 250g
사워크림 ·························· 150g
무가당 플레인 요구르트 ··· 100g
레몬즙 ······························20g
설탕 ································ 80g
소금 ································· 1g

라즈베리 ···················20여 개

* 오븐은 160℃로 예열한다.
* 끓는 물을 준비한다.

Process

1 모든 재료는 실온 상태로 준비해서 찬기를 완전히 없앤다. 크림치즈는 말랑말랑한 상태로 준비한다. 단, 라즈베리는 냉동일 경우 사용하기 직전에 꺼내어 냉동 상태 그대로 사용한다. 달걀은 알끈을 제거하고 흰자와 노른자가 고루 섞이도록 잘 푼다.

2 원형 링틀 밑부분에 쿠킹호일을 깔고 링 옆면까지 올라오도록 잘 붙인 뒤 바닐라스펀지케이크를 깔아서 다른 오븐팬 위에 올린다.

3 거품기로 크림치즈를 푼다.

4 크림치즈가 부드럽게 풀리면 설탕을 넣는다.

5 크림치즈에 설탕이 녹도록 골고루 섞는다.

6 설탕이 적당히 녹아 마요네즈처럼 부드러운 크림 상태가 되면 달걀을 조금씩 넣으며 섞는다.

7

달걀이 골고루 섞이면 사워크림과 요구르트, 레몬즙을 넣고 섞는다.

8

반죽이 골고루 섞이면 밀가루를 넣고 섞는다.

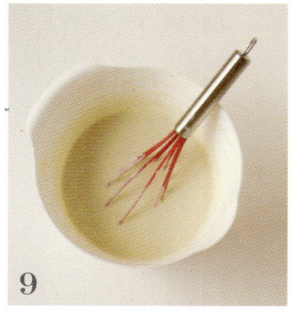

9

믹싱볼 옆면을 깨끗이 긁으면서 겉도는 재료가 없게 골고루 섞어서 크림치즈 반죽을 완성한다.

10

②의 스펀지케이크 위에 라즈베리를 적당한 간격으로 얹는다.

11

라즈베리를 얹은 원형 링틀에 크림치즈 반죽을 패닝한다. 또 다른 오븐팬에 뜨거운 물을 붓고 오븐팬을 하나 더 덧대서 반죽을 패닝한 원형 틀을 얹은 뒤 160℃로 20분 이상 예열한 오븐에 40~50분 정도 굽는다. 가는 나무 꼬치로 가운데 부분을 바닥까지 깊숙이 찔렀을 때 꼬치 끝부분에 반죽의 습기가 살짝 묻어나는 정도가 되면 적당하게 익은 것이니 오븐에서 꺼내 틀째 식힌다.

단호박치즈케이크
Autumn Squash Cheese Cake

진한데다 고급스러운 스파이시 향까지 갖춘 단호박치즈케이크예요. 주황빛에 가까운 진노랑 빛깔의 치즈케이크가 쌉싸래한 쿠키 크러스트와 잘 어울려서 자꾸만 손이 가지요. 들어가는 향신료 양은 적지만 맛을 북돋아서 치즈케이크의 풍미가 더욱 고급스러워지니, 절대 생략하지 마세요.

15×15×7cm 정사각 틀 1개 분량
160℃ | 1시간~1시간 10분

크러스트

초콜릿쿠키(오레오) ········· 155g
무염버터 녹인 것 ············· 50g
설탕 ···································10g

크림치즈 반죽

달걀 ·································3개
크림치즈 ························500g
설탕 ······························140g

단호박 ···························300g
생크림 ····························240g
시나몬파우더 ·····················1g
진저파우더 ············· 조금(1꼬집)
너트메그파우더 ······· 조금(1꼬집)
소금 ···································1g
바닐라엑스트랙 ···············10g

* 오븐은 160℃로 예열한다.
* 끓는 물을 준비한다.

1
모든 재료는 실온 상태로 준비해서 찬기를 완전히 없앤다. 크림치즈는 말랑말랑한 상태로 준비한다. 크러스트에 사용할 버터는 전자레인지에 살짝 녹여서 미지근하게 식힌다. 달걀은 알끈을 제거하고 흰자와 노른자가 고루 섞이도록 잘 푼다.

2
단호박은 껍질을 벗기고 쪄서 잘게 자른 다음 생크림과 함께 믹서에 곱게 갈아 단호박퓌레를 만든다.

3
시나몬파우더와 너트메그파우더, 진저파우더는 골고루 섞는다.

4
초콜릿쿠키를 지퍼백에 넣고 밀대로 두들겨서 고운 파우더 상태의 크러스트를 만든다.

5
쿠키파우더에 설탕을 넣고 골고루 섞는다.

6
설탕을 섞은 쿠키파우더에 녹인 버터를 넣고 골고루 섞는다.

7
쿠키파우더를 고슬고슬하게 만들어서 크러스트를 완성한다.

8
유산지를 깐 사각 틀에 크러스트를 꾹꾹 눌러 넣는다.

9
실온에 두어 말랑말랑한 크림치즈를 믹싱볼에 넣고 거품기로 부드럽게 푼다.

10
크림치즈가 부드럽게 풀리면 설탕을 넣고 골고루 섞는다.

11
설탕이 적당히 녹아 마요네즈처럼 부드러운 크림 상태가 되면 달걀을 두세 번에 나눠 넣으며 섞는다.

12
달걀이 골고루 섞이면 ②의 단호박퓌레를 넣고 섞는다.

13
③의 향신료 섞은 것, 바닐라엑스트랙을 넣고 골고루 섞는다.

14
믹싱볼 옆면을 깨끗이 긁으면서 겉도는 재료가 없게 골고루 섞어서 크림치즈 반죽을 완성한다.

15
크러스트를 깐 사각 틀에 크림치즈 반죽을 패닝한다. 또 다른 넓은 오븐팬에 뜨거운 물을 붓고 오븐팬을 하나 더 덧대서 반죽을 패닝한 사각 틀을 얹은 뒤 160℃로 20분 이상 예열한 오븐에 1시간~1시간 10분 정도 굽는다. 가는 나무 꼬치로 가운데 부분을 바닥까지 깊숙이 찔렀을 때 꼬치 끝부분에 반죽의 습기가 살짝 묻어나는 정도가 되면 적당하게 익은 것이니 오븐에서 꺼내 틀째 식힌다.

Tip

1 크러스트로 사용하는 초콜릿쿠키는 샌드크림이 없는 플레인을 사용하세요. 틀에 크러스트를 채울 때 단단하게 누르지 않으면 완성된 뒤 부스러질 수 있으니 납작한 도구로 꾹꾹 눌러서 단단하게 만드세요.

2 단호박은 생크림과 함께 곱게 갈아서 퓌레를 만들어 사용하세요. 아주 고운 액체 상태여야 크림치즈 반죽의 질감이 부드러워요.

3 너트메그파우더와 진저파우더는 엄지와 검지로 살짝 집는 분량인 1꼬집 정도를 사용하면 알맞아요. 파우더 무게가 가벼워서 저울로 계량하기 어렵기 때문에 손가락으로 적당하게 집어서 넣거나 계량스푼으로 1/4작은술 정도를 넣으면 됩니다.

4 밑판이 분리되는 케이크틀을 사용한다면 아래에 반드시 오븐팬을 하나 더 덧대야 해요. 그래야 오븐팬에 부은 뜨거운 물이 케이크에 스며들지 않는답니다.

수플레치즈케이크
Souffle Cheese Cake

부드럽고 깔끔한 수플레치즈케이크예요. 유지 대신 새콤한 무가당 플레인 요구르트를
사용하여 맛이 깔끔하고 상큼하지요. 크러스트 없이 달걀흰자로 만든 머랭을 반죽에
섞어 만들기 때문에 식감이 포근포근하고 입안에서 사르르 녹아내린답니다.

22×11×5cm 타원형 틀 1개 분량
160℃ | 40~50분

중력분 ························· 25g
달걀 ··························· 2개
크림치즈 ····················· 170g
무가당 플레인 요구르트 ····· 70g
레몬즙 ························· 10g
설탕 ·························· 50g
바닐라엑스트랙 ·············· 5g

* 오븐은 160℃로 예열한다.
* 끓는 물을 준비한다.

Process

1 모든 재료는 실온 상태로 준비해서 찬기를 완전히 없앤다. 크림치즈는 말랑말랑한 상태로 준비한다. 밀가루는 체에 한 번 친다. 달걀은 알끈을 제거하고 흰자와 노른자를 분리해서 각각 담는다.

2 크림치즈를 믹싱볼에 넣고 거품기로 부드럽게 풀어 마요네즈 상태로 만든다.

3 크림치즈에 준비한 설탕의 반을 넣고 계속해서 크림화한다.

4 거품기를 저어 설탕을 녹인다. 설탕이 적당히 녹으면서 크림치즈가 진득해지며 부드럽게 될 때까지 섞는다.

5 크림치즈가 부드러운 크림 상태가 되면 달걀노른자를 한 번에 1개씩 넣으면서 골고루 섞는다.

6 요구르트와 레몬즙, 바닐라엑스트랙을 넣고 골고루 섞는다.

× ×

Tip

1 수플레치즈케이크는 달걀흰자로 만든 머랭을 섞어서 굽기 때문에 다른 치즈케이크에 비해 많이 부풀어 오릅니다. 머랭을 섞을 때 적당히 거품을 가라앉히는 것이 윗면을 고르게 하면서 터지지 않게 하는 비법이지만, 윗면이 먹음직스럽게 갈라져도 그 나름대로의 멋이 있으니 취향껏 머랭 섞는 요령을 터득하세요. 머랭을 많이 가라앉혀서 구우면 식감이 좀 더 단단하고 진하면서 크리미한 느낌이 많이 들고, 머랭을 많이 살려서 구우면 폭신하면서 부드러운 식감이 잘 살아납니다. 머랭 만드는 법은 거품형 케이크의 별립법(p.93~94)을 참고하세요.
2 타원형 틀이 아닌 원형 틀에 구울 경우 지름 15cm 틀을 사용하세요.

7
밀가루를 넣고 골고루 섞는다.

8
믹싱볼 옆면을 깨끗이 긁으면서 겉도는 재료가 없게 골고루 섞어 크림치즈 반죽을 완성한다.

9
물기나 기타 이물질 없이 깨끗한 믹싱볼에 담긴 흰자를 핸드믹서나 스탠드믹서로 휘핑한다. 흰자가 하얗게 변하면서 거품이 올라오기 시작하면 나머지 반 정도의 설탕을 세 번에 나눠 넣으면서 휘핑해 머랭을 올린다. 거품기를 들어 올렸을 때 거품이 빳빳하게 서 있으면서 끝부분은 뾰족하고, 뾰족한 끝부분이 앞으로 구부러지는 정도까지 머랭을 올린다.

10
크림치즈 반죽에 머랭을 세 번에 나눠 넣으면서 스패출러로 아래에서 위로 반죽을 퍼 올리듯 섞는다.

11
반죽에 머랭이 완전하게 섞이도록 믹싱볼 옆면을 깨끗이 긁으면서 정리한다.

12
유산지를 깐 타원형 틀에 반죽을 패닝한 뒤 틀째 바닥에 두세 번 내리쳐서 반죽이 골고루 담기게 한다. 또 다른 넓은 오븐팬에 뜨거운 물을 붓고 타원형 틀을 얹은 뒤 160℃로 20분 이상 예열한 오븐에 40~50분 정도 굽는다. 가는 나무 꼬치로 가운데 부분을 바닥까지 깊숙이 찔렀을 때 꼬치 끝부분에 반죽의 습기가 살짝 묻어나는 정도가 되면 적당하게 익은 것이니 오븐에서 꺼내 틀째 식힌다.

초콜릿수플레치즈케이크
Chocolate Souffle Cheese Cake

초콜릿을 녹여서 반죽에 섞으면 아주 진하고 깊은 맛의 초콜릿치즈케이크가 만들어집니다. 수플레치즈케이크는 다른 치즈케이크에 비해 식감이 매우 가볍고 부드러운 것이 특징인데, 이는 달걀 흰자로 만든 머랭을 섞기 때문이지요. 머랭으로 식감을 조절하는 방법을 알려드릴게요. 머랭을 가라앉혀서 섞으면 폭신하면서도 조금 단단하며 크리미한 식감이 만들어지고, 머랭을 많이 살려서 섞으면 매우 가볍고 입에서 녹는 맛이 일품인 치즈케이크의 식감이 만들어진답니다.

지름 18cm 원형 틀 1개 분량
160℃ | 60분

중력분 ·························	45g
달걀 ····························	3개
크림치즈 ·····················	300g
사워크림 ·····················	60g
생크림 ·························	50g
세미스위트초콜릿 ········	185g
설탕 ····························	90g
바닐라엑스트랙 ············	5g

* 오븐은 160℃로 예열한다.
* 끓는 물을 준비한다.

Process

1

모든 재료는 실온 상태로 준비해서 찬기를 완전히 없앤다. 사워크림과 생크림은 골고루 섞는다. 밀가루는 체에 한 번 친다. 달걀은 알끈을 제거하고 흰자와 노른자를 분리해서 각각 담는다.

2

원형 틀에 유산지를 깐다.

3

초콜릿은 중탕으로 녹여서 부드러운 크림 상태로 만들어 식힌다.

4

크림치즈를 믹싱볼에 넣고 거품기로 부드럽게 풀어 마요네즈 상태로 만든 뒤 준비한 설탕의 반을 넣고 계속해서 크림화한다.

5

크림치즈에 설탕이 적당히 녹아 부드러운 크림 상태가 되면 달걀 노른자를 한 번에 1개씩 넣으면서 골고루 섞는다.

6

생크림과 사워크림 섞은 것, 바닐라엑스트랙을 넣고 골고루 섞는다.

7

밀가루를 넣고 골고루 섞는다.

8

크림 상태의 초콜릿을 넣고 골고루 섞는다.

9

거품기를 사용하여 재료들이 덩어리진 것 없도록 골고루 섞는다.

10

스패출러로 믹싱볼 옆면을 깨끗이 긁으면서 겉도는 재료가 없게 골고루 섞어서 크림치즈 반죽을 완성한다.

11

물기나 기타 이물질 없이 깨끗한 믹싱볼에 담긴 흰자를 핸드믹서나 스탠드믹서로 휘핑한다. 흰자가 하얗게 변하면서 거품이 올라오기 시작하면 나머지 반 정도의 설탕을 세 번에 나눠 넣으면서 휘핑해 머랭을 올린다. 거품기를 들어 올렸을 때 거품이 빳빳하게 서 있으면서 끝부분은 뾰족하고, 뾰족한 끝부분이 앞으로 구부러지는 정도까지 머랭을 올린다.

12

크림치즈 반죽에 머랭을 세 번에 나눠 넣으면서 스패출러로 아래에서 위로 반죽을 퍼 올리듯 섞는다.

13

반죽에 머랭이 완전하게 섞이도록 믹싱볼 옆면을 깨끗이 긁으면서 정리한다.

14

유산지를 깐 원형 틀에 반죽을 패닝한 뒤 틀째 바닥에 두세 번 내리쳐서 반죽이 골고루 틀에 담기게 한다. 또 다른 넓은 오븐팬에 뜨거운 물을 붓고 원형 틀을 얹은 뒤 160℃로 20분 이상 예열한 오븐에 60분 정도 굽는다. 가는 나무 꼬치로 가운데 부분을 바닥까지 깊숙이 찔렀을 때 꼬치 끝부분에 반죽의 습기가 살짝 묻어나는 정도가 되면 적당하게 익은 것이니 오븐에서 꺼내 틀째 식힌다.

× × × × × × × × × × × ×

Tip

1 초콜릿은 취향에 따라 다크초콜릿이나 밀크초콜릿 중 어느 것을 사용해도 좋아요.

2 머랭 만드는 법은 거품형 케이크의 별립법(p.93~94)을 참고하세요.

INDEX

A L L
A B O U T
C A K E

참고 문헌

The Culinary Institute of America, "Baking & Pastry", Wiley, 2011

Wayne Gisslen− Le Cordon Bleu, "Professional Baking, Fourth Edition", John Wiley and Sons, Inc, 2002

월간빠띠씨에, 『제과제빵 이론특강』, 비앤씨월드, 2009

김성곤 · 조남지 · 김영호 · 윤성준 · 이재진 · 정순경 · 채동진 공저, 『제과제빵과학』, 비앤씨월드, 2009

재단법인 과우학원, 『표준 제과 실기』, 비앤씨월드, 2011

ALL
ABOUT
CAKE

안전한 먹거리를 믿고 살 수 있는
아이쿱생협

생협은 '소비자생활협동조합'의 줄임말입니다.

생협은 공동의 목적을 위해 조합원들이 자발적으로 만든 협동조합사업체입니다.
iCOOP생협은 이웃과의 협동을 통해서 식품 안전, 환경, 농업, 교육, 육아, 여성 등
일상생활 문제에 대해 조합원 스스로 대안을 만들고 그 대안을 윤리적 소비로서 실천합니다.

iCOOP생협의 물품 브랜드 자연드림

자연드림은 iCOOP생협을 대표하는 물품 브랜드이자 베이커리, 매장 사업을 아우르는 브랜드입니다.

**생협은 까다로운 3번 검사로 믿고
안심할 수 있는 물품을 공급합니다.**

자연드림의 3번 검사 시스템으로 믿고 안심할
수 있는 먹거리가 가능합니다. 생산 과정 1번,
출하 전 1번, 유통 과정 1번 그리고 매월 불시검
사를 통해 생산자에서 조합원까지 오게 되는
전 과정을 엄격하게 관리하고 모든 정보를 투
명하게 공개합니다.

**생협은 계약생산을 통해
물품을 공급합니다.**

생협은 생산자와 직거래를 통해 친환경 농산
물의 생산과 소비를 장려합니다. 시중 가격의
폭등 시에도 안정적으로 구매할 수 있는 이유
는 친환경 농업에 땀 흘리는 생산자의 계약생
산과 소비자의 책임소비가 있기 때문입니다.

**생협에는 1천여 개의
소모임이 있습니다.**

생활 속의 대안을 스스로 찾고 해결하는 생협
에는 식품 안전, 취미 활동, 교육, 육아, 환경 등
1천여 개의 마을 모임이 있습니다. 삼삼오오 모
여 이웃과 다양한 의견과 소통을 나눌 수 있는
교류입니다.

윤리적 소비를
실천하는 생협활동

윤리적 소비는 나와 이웃이 함께할 수 있도록 '생산을 지속하게 하는 책임 있는 소비'입니다. iCOOP생협은 생협운동의 정체성을 윤리적 소비 운동으로 정하고, 실천하고 있습니다.

윤리적 소비의 실천,
우리밀 사랑입니다.

우리밀은 가을에 파종해 겨울에 자라 병충해 염려가 적은 우리의 주식입니다. 100% 우리밀로만 빵과 케이크를 굽고 만드는 자연드림에서는 매장 1곳당 월 1톤의 우리밀을 쓰고 있습니다. 우리밀을 사랑하는 마음은 우리밀 밭을 늘리는 윤리적 소비입니다.

윤리적 소비의 실천,
꿈과 희망을 사는 착한 공정무역

제3세계의 생산자에게 공정한 가격을 지불함으로써 생산자의 사회경제적 자립과 지속 가능한 발전을 추구하는 대안무역 운동입니다. iCOOP생협은 2007년부터 우리 땅에서 나지 않는 커피, 설탕, 코코아, 후추에 대해 공정무역을 실천하고 있습니다.

자연드림 마스코바도 공정무역 설탕

마스코바도는 필리핀어로 가난한 사람들의 설탕이라는 뜻입니다. 유기농법으로 재배한 사탕수수에 필리핀 전통 방식 그대로 사탕수수를 끓여 일일이 뒤집기를 수백 번하면 어느새 갈색 알갱이의 비정제 설탕이 완성됩니다. 마스코바도는 일반 설탕에 비해 당도는 낮지만 사탕수수 본연의 당밀과 무기질이 살아 있어 우리밀 홈베이킹 시 함께 사용하면 밀 내음과 조화를 이루면서 부드럽고 깊은 맛을 느낄 수 있습니다. 자연드림 마스코바도 1봉에는 200원이 기금이 생산지의 기반 시설에 지원되고 있습니다.

아이쿱생협 : www.icoop.or.kr/coopmall   조합원 가입 상담 : 1577-0014   물품 및 매장 상담 : 1577-6009

올 어바웃 케이크

1판 1쇄 발행 2011년 12월 23일
1판 6쇄 발행 2018년 5월 17일

지은이 이성실

발행인 양원석
본부장 김순미
편집장 최두은
책임편집 차선화
기획·진행 박선영
교정·교열 염현정
해외저작권 황지현
제작 문태일
영업마케팅 최창규, 김용환, 정주호, 양정길, 이은혜,
　　　　　　신우섭, 유가형, 임도진, 김양석, 우정아

펴낸 곳 ㈜알에이치코리아
주소 서울시 금천구 가산디지털2로 53, 20층 (가산동, 한라시그마밸리)
편집문의 02-6443-8861　　**구입문의** 02-6443-8838
홈페이지 http://rhk.co.kr
등록 2004년 1월 15일 제2-3726호

ISBN 978-89-255-4564-6 (13590)